农业农村政策
与 涉农法律法规

郑文艳　黄艳华　戴宣平　唐圣果　主编

中国农业科学技术出版社

图书在版编目（CIP）数据

农业农村政策与涉农法律法规／郑文艳等主编．
北京：中国农业科学技术出版社，2024.7. --ISBN
978-7-5116-6945-2

Ⅰ. F320；D922.4

中国国家版本馆 CIP 数据核字第 2024P9B358 号

责任编辑　白姗姗
责任校对　李向荣
责任印制　姜义伟　王思文

出 版 者　中国农业科学技术出版社
　　　　　北京市中关村南大街 12 号　　邮编：100081
电　　话　(010) 82106638 (编辑室)　　(010) 82106624 (发行部)
　　　　　(010) 82109709 (读者服务部)
网　　址　https://castp.caas.cn
经 销 者　各地新华书店
印 刷 者　鸿博睿特(天津)印刷科技有限公司
开　　本　140 mm×203 mm　1/32
印　　张　5
字　　数　130 千字
版　　次　2024 年 7 月第 1 版　2024 年 7 月第 1 次印刷
定　　价　39.80 元

《农业农村政策与涉农法律法规》
编 委 会

前　言

　　农业政策与法规是国家为实现农业发展目标而制定的调整农业经济关系，指导、干预和管理农业的行动准则。农业政策是治国安邦的重要政策，也是指导和管理农业的重要手段。

　　本书内容丰富，具有系统性、科学性和实用性。全书共十四章，分为上下两篇，分别为农业农村政策篇和涉农法律法规篇，包括农村土地政策，农田规划管理政策，农村基层组织政策，资源利用和环境保护政策，农业生产管理政策，农村经济发展政策，农产品流通政策，农业科学技术教育政策，农业金融、税收与保险政策，农业畜牧政策，农业绿色发展法律法规，农村经济组织管理法律法规，乡村振兴法律法规，其他涉农法规等内容。

　　由于编者水平有限，难免存在疏漏之处，热忱希望学界同仁和各位读者及时反馈意见和建议，以使本书不断完善。

编　者

2024 年 4 月

目　录

上篇　农业农村政策篇

下篇　涉农法律法规篇

上篇　农业农村政策篇

第一章　农村土地政策

第一节　农村土地承包经营权确权政策

一、农村土地承包经营权确权登记颁证的意义

农村土地承包经营权确权登记颁证，是全面适应现有农村基本经营制度的各项要求。能对广大农民土地承包经营权物权有效保护，能保障广大农民预期经营收益。现阶段要注重做好确权登记，对空间位置不明、承包地块面积不准等问题集中控制。为本轮土地承包到期后各项障碍集中扫除，奠定相应的发展基础，有效巩固农村基本经营制度。

农村土地承包经营权确权登记颁证，能有效强化农村地区经济发展活力。促使农村地区土地承包活动稳定开展，实现土地经营权稳定流转，全面推动农业规模化经营。在农村土地流转中，能保障区域农业规模化、集约化经营发展，提高农村地区经济活力。充分做好土地确权登记颁证，保障承包活动全面落实。

规范化做好农村土地承包经营权确权登记颁证，为广大农民个人收入提供诸多制度性保障。在我国诸多农村地区，农民已有的宅基地、承包土地、住宅房屋是农民群体最大财产。广大农民获取了土地承包经营权，但是部分资金、资产、资源等难以进行有效转化。通过规范化确权，能真正实现有效赋权，

能保障农村地区土地经营权、资产产权、林权、股权等进入到交易市场有效交易，保障农村地区多项资源有效转化为广大农民收入。

现阶段高效化做好农村土地承包经营权确权登记颁证，能有效维护广大农民个人合法权益，对农民群体常见的多项矛盾纠纷问题集中调解。这样便于实现农村地区社会化管理，能集中有效解决多项土地承包问题，实现农村社会和谐稳定发展，加速城乡一体化发展进程。

二、农村土地承包经营权监督管理

（一）建立健全农村土地产权登记程序

县级地区建立专门的农村土地承包经营监督管理机关，规范相关土地承包经营程序和内容，保障其运行安全有序。建立完善的农村土地承包经营监督管理体系，能够有效地从法律方面给予农村土地承包经营一定程度的帮助。如果农村承包土地的资金不够，还可以提供相关的抵押方式，为农民提供贷款等方式，这样才能充分地盘活农村的闲置土地，使有价值的土地得到利用，走向市场，更好地维护农民的合法权益。

（二）充实技术力量，确保确权登记颁证工作质量提高

各地要督促各技术服务单位充实技术力量和工作人员，按照工作程序和技术标准要求抓好各项工作，确保每项工作程序不能少，每项工作质量有保证。对专业技术服务单位因工作不到位，质量差、进度慢或因人力不足，不能如期履行合同的，逐级开展约谈和通报，并责令限期整改。

（三）建立健全农村征地制度

在农村土地承包经营监督管理中一定要有相关的补偿办法和标准，确保农民收益的最大化，尤其是国家给予的征地补偿费用，安置费一定要发放到农民的手中，专款专用，防止出现挪用的现象。重视失地农民的再就业问题，对于土地被征用的

农民优先安排就业和再就业的相关培训工作，通过对农民采用多层次、多样式的培训工作，提高农民再就业的能力。

政府出台相关的城乡统筹置换安置政策，一部分农民闲置的住宅可以由当地政府进行收购，用于边远山区贫困人口的置换安置。

（四）建立健全土地监督管理机构

土地承包经营监督管理机构的建立，有效地保障了农民自身的利益，规范了农民土地承包经营监督管理，防止由于没有监管机构而发生土地承包经营纠纷的情况，合理地保护了农民的土地承包经营权。

第二节　农村土地流转政策

一、深化农村土地制度改革

（一）完善承包地"三权分置"制度

现阶段深化农村土地制度改革，顺应农民保留土地承包权、流转土地经营权的意愿，将土地承包经营权分为承包权和经营权，实行集体所有权、农户承包权、土地经营权分置并行。

落实集体所有权，重点是依法维护农民集体对承包地发包、调整、监督、收回等权利，健全集体经济组织民主议事机制，确保集体权利不被虚置。稳定农户承包权，坚持稳定农村土地承包关系，切实保护好承包户对集体所有土地依法享有的占有、使用、收益权利。同时顺应进城落户农民意愿，探索建立农户承包地依法、自愿、有偿转让和退出制度。平等保护土地经营权，不断健全土地经营权流转管理服务制度，完善其在抵押、入股等方面的权利，鼓励新型经营主体改良土壤、提升地力、建设农田基础设施，促进农地资源优化配置。

（二）规范有序流转土地

2021年，农业农村部发布《农村土地经营权流转管理办法》。《农村土地经营权流转管理办法》是适应新形势新实践新要求制定的，延续了中央一贯的政策基调，遵循了《中华人民共和国农村土地承包法》（以下简称《农村土地承包法》）的立法精神。

一是落实"三权分置"制度。按照集体所有权、农户承包权、土地经营权"三权分置"并行要求，聚焦土地经营权流转，在依法保护集体所有权和农户承包权的前提下，在平等保护经营主体依流转合同取得的土地经营权方面，增加了一些具体规定，有助于进一步放活土地经营权，使土地资源得到更有效合理的利用。

二是贯彻加强监督管理要求。落实《农村土地承包法》要求，明确了对工商企业等社会资本通过流转取得土地经营权的审查审核具体规定，以及建立风险保障制度的要求，以更好地保障流转双方合法权益。

三是围绕强化耕地保护和粮食安全。落实习近平总书记最新重要指示精神和国务院办公厅《关于防止耕地"非粮化"稳定粮食生产的意见》《关于坚决制止耕地"非农化"行为的通知》要求，强化了耕地保护和促进粮食生产的内容。

二、创新农业经营体系

党中央、国务院高度重视新型农业经营体系构建和小农户发展问题。习近平总书记指出，大国小农是我国的基本国情农情，要加快构建以农户家庭经营为基础、合作与联合为纽带、社会化服务为支撑的立体式复合型现代农业经营体系，实现小农户和现代农业有机衔接。2017 年 12 月，时任国务院总理李克强在国务院常务会议上强调，要大力扶持一二三产业融合、适度规模经营多样、社会化服务支撑、与"互联网+"紧密结合的各类新型主体，更好带动小农生产和现代农业发展有机衔接。强化政策支持和责任落实，加快构建新型农业经营体系，通过主体联农、服务带农、政策强农，逐步将小农户引入现代农业发展轨道。

三、健全扶持保护机制

（一）农业财政金融扶持

自 2017 年以来，农业农村部、财政部等部门持续加大财政支持力度，累计安排中央财政资金 337.54 亿元，支持建设 100个优势特色产业集群、200 个国家现代农业产业园，推动农村一二三产业融合发展，打造富有特色、规模适中、带动力强的乡村产业梯次推进的发展格局。

同时，农业农村部协调中国人民银行、中国银保监会等出台支农专项再贷款、生猪贷款贴息、降低担保费率等政策措施。中国人民银行通过实施差别化存款准备金率、普惠金融定向降准等政策措施，引导银行金融机构增加涉农投放。中国建设银行、中国农业银行和中国农业发展银行等均成立乡村振兴金融部，对口服务乡村振兴，加大对种子行业的信贷支持力度等。中国人民银行创新金融产品，拓宽农村抵质押物范围，牵头开展农村承包土地经营权和农民住房财产权抵押贷款试点，引导金融机构创新开展厂房和大型农机具抵押等信贷业务。

此外，农业农村部等部门还出台社会资本投资农业农村指引等政策，加快引导社会资本投入，引导和鼓励社会资本投资现代种业、现代种养业等 13 个重点产业和领域。并研究制定扩大农业农村有效投资的意见，指导各地细化政策，强化对社会资本的服务和支持。

（二）加强和改进价格调控

坚持稻谷、小麦最低收购价政策框架不动摇，着力增强政策灵活性和弹性，合理调整最低收购价水平，切实保护农民利益和种粮积极性，确保口粮生产稳定，同时充分发挥市场机制作用，促进优质优价。完善棉花目标价格政策，健全风险分担机制，合理调整棉花目标价格水平，继续探索可持续的新型支持政策。进一步加强农产品成本调查工作，为制定价格政策提供支撑。

（三）优化农业补贴政策

强化高质量发展和绿色生态导向，构建新型农业补贴政策体系。调整优化"绿箱""黄箱"和"蓝箱"支持政策，提高农业补贴政策精准性、稳定性和时效性。加强农产品成本调查，深化调查数据在农业保险、农业补贴、市场调控等领域的应用。

第三节　农村土地征收政策

一、切实维护农民权益

（一）完善土地补偿标准

土地补偿应该以市场价格为基准，适当提高补偿标准，确保补偿金额比农民种植农作物的收入要高。同时要提升征地补偿范围，除了征地补偿费、安置补助费、地上附着物和青苗补偿费外，还应该增加未来土地收益补偿以及宅基地使用权等补偿。

（二）在安置方式上，坚持现金补偿优先的原则

农民也可以相应选择适合自己的安置补偿方式，如实物补偿、社会保险、地价入股、长期就业保障合同、农业安置、房屋补偿等。安置方式的选择必须农民自愿，不得强制以实物或者其他方式代替货币补偿。

（三）加大村民再就业培训力度

在土地征收过程中，应该留出部分资金用于村民的职业技能培训和再就业。政府也可以出台相关保障措施，给予失地农民基本保障，如出台社会保险制度。落实失地农民企业的优惠政策，引导企业优先招收经过技能培训的失地农民，通过税费减免等政策解决他们就业困难的问题。加大对失地农民的创业

扶持，鼓励他们进入生态农业等产业，在税收、信贷和技术上提供一定的支持，在养殖和种植等领域提供相关帮助。

（四）确保农民的知情权

做好政策的宣传工作，和每户农民深入沟通，确保征地工作在充分协商的基础上进行。明确征地的面积、权属、地类、附着物、青苗等信息，做好相关公示工作，不得强制对农民进行征地。

二、创新农村征地用途

不断推动农村征地制度的创新和改革，完善土地征收目录，优化土地资源配置。明确集体产权，将集体产权落实到农民个人，确保在土地征收中农民的权益能够得到保障。明确用益物权制度。针对当前房地产市场萎靡的现状，要减少住宅用地的征用，谨慎进行建设用地的征用。如果是基于农村产业结构调整的建设用地可以优先征用。

三、规范土地征收程序

做好整地前期准备工作，明确土地征收的各项规定，建立风险评估机制和防控方案，做好补偿登记和协议签订工作，完善报批程序。严格审批程序，强化责任追究，做好部门协调，确保执行的稳定性和连续性。设置"公共利益"专项审查程序，避免任意征地现象，也能够加强外部的监督管理。在内部监督方面要设立相关的专门机构，权力和责任对等。外部监督方面，应该加强群众监督和网络监督，在土地征收之前，应该广泛听取各方意见，探讨土地用途的科学性，如果对于征收存在异议，那么就应该慎重考虑方案，并且召开听证会进行讨论。完善征地公告，通过网络、公告栏和直接送达等方式，确保公告能够直接送达村民。在征地过程中，要严格按照相关法律法规执行，限制征地部门的权力，通过终身追责的体制提升其责任意识，避免违法行为的发生。

第二章　农田规划管理政策

第一节　耕地质量分等

一、耕地质量分等解决的关键问题

我国幅员辽阔，自然和社会条件复杂，土地类型多样，要比较不同地区之间的土地等级高低相当困难。要实现耕地质量等级在全国的可比性，主要是找到作物生产量的差异。耕地质量等别是评价区域光照、温度、水分、土壤、地形等因素综合作用的结果，假设评价区域内土地上的投入管理为最优状态，则利用影响作物生产量因素的优劣状况可定量地推算作物生产量高低，并用作物生产量的高低评定耕地质量等别的高低。

二、耕地质量分等成果应用

在自然资源部的统一组织实施下，耕地质量分等调查评价成果在新时代国土空间规划、永久基本农田保护、耕地占补平衡以及土地整治等方面得以广泛应用。

（一）在新时代国土空间规划中的应用

在新时代国土空间规划应用中，各地方、各区域在进行空间规划时，一方面，要严格控制非农建设用地占用耕地的情况，尤其要严格控制建设用地占用基本农田，各地方自然资源管理部门要加强对管辖范围内永久基本农田的建设管理，确保永久基本农田的数量及质量；另一方面，不能只占用、不补充，需要在占用土地后，严格加大对耕地的补充力度，例如通过对土地开发、复垦、整理等方式在数量及质量上补充耕地，确保耕地的数量不减少、质量不降低。再者，在国土空间规划进程中，相关规划管理部门需对农用地的布局和结构进行合理调整，协调统筹各个方面，安排好农用地的规划用途。

（二） 在永久基本农田保护中的应用

耕地质量评价工作分析了土地的质量及分布状况，反映了土地的生产潜力，使耕地质量状况定量化，制定更加细化、严格的管理保护措施。耕地质量成果运用于永久基本农田的划定和保护中，一方面，能全面掌握永久基本农田的质量等别状况，掌握粮、油、米、蔬生产土地的面积和质量状况，有利于划定不同类型的永久基本农田保护区，保护良田好土，保护永久基本农田，依据耕地质量成果，对达到永久基本农田质量和条件的耕地，将其作为基本农田加以保护，在规划调整时，禁止作为农业结构调整或退耕还林地，优先将其调整划入到永久基本农田中；另一方面，通过耕地质量评价成果，对永久基本农田进行科学规划和管理，可根据土地生产潜力科学测算永久基本农田的产量、产值、建设投入等，对永久基本农田有比较科学的衡量。

（三） 在补充耕地数量、质量按等级折算中的应用

在实施耕地占补平衡时，利用耕地质量分等的原则，测算土地生产能力，确保土地综合生产能力不降低，实现耕地在占补平衡过程中质量和数量的平衡，实现真正意义上的"占多少、补多少"。

耕地质量综合评定能够反映出区域的自然质量、利用水平和经济效益水平造成的土地生产力水平的差异。在耕地占补平衡补充折算中，耕地数量和质量等级折算需运用耕地质量成果的利用等别，通过作物的产量比系数，将实际产量转换为耕地的单位标准产量，建立利用等别与标准产量的模型关系，进一步确定占、补耕地的质量情况。

（四）在土地整治中的应用

耕地质量评价成果通过对影响土地生产的光照、温度、水分、土壤条件、区域土地利用水平以及经济效益的差异进行空间计算及比较而产生。在土地整治项目中，运用到耕地质量的基础评价方法、评价单元、评价因素、评价权重，以及最终的自然质量等别、利用等别、经济等别等数据。例如在项目的规划设计或可行性分析报告中，需要依据耕地质量分等成果进行分析，对土地整理前和整理后的质量等别进行详细评估。在土地整理前，项目实施单位根据原有的土地质量等别状况，制订适宜的土地整理等别的目标，采用相对应的工程措施和技术条件，对土地耕作条件、灌溉排水措施、土壤肥力改良等进行整理；在整理后，依据农用地（耕地）分等的评价方法，重新评定整理后的质量情况，确保整理后的土地综合质量等别有所提升，达到土地整治的效果，提升项目工程质量。

第二节　土地利用总体规划

一、土地利用总体规划原则

（一）全局统筹原则

规划和利用土地资源时，按照不同应用方向，划分为未利用地、建设用地、农用地等类别。在规划之前，注重全局统筹，综合分析土地资源，特别是城乡区域土地资源，必须做好协调工作，紧抓工作要点，科学规划和应用土地。不仅要提升土地利用率，还需要切实保护土地资源，全面维护土地规划科学性与合理性。

（二）绿色发展原则

基于生态理念，合理规划利用土地资源，遵循绿色发展原则，不仅要注重土地资源总量，还需要关注规划质量。加强土地规划质量，加大环境保护力度，以免危害自然环境。全面提升土地利用率，持续开发和利用土地资源。

（三）人本原则

在生态理念中，人本理念属于土地总体规划基础原则。通过土地资源规划，可以为社会生产与生活提供服务，全面提高生活质量。在土地利用规划中，坚持人本原则，规划方案维护基础利益，立足于社会生产与生活，深入分析土地利用需求，优化土地规划方案设计，以此提升土地利用效率，充分发挥出功能性。

二、土地利用总体规划方法

土地规划方法主要需要注重以下几个方面内容。

首先，方法的统一。土地总体规划中不可或缺的两大理论体系是空间规划理论和可持续发展理论，土地规划方法的制定也离不开上述理论的综合实施开展，依照理论建立合适的土地规划指标，建立完善的评价体系，采取统一化的标准章程，分派到各个地区实施，各不同地区的土地规划标准都按照统一的章程严格执行。

其次，土地规划的方法方式可以更加多样化，例如，可以采用构建数学模型、利用合理的参数规划、线性规划甚至是选取多目标方案同时进行规划。土地规划的方法很多，重点在于因地制宜，从多角度出发，选取最适合于土地规划区域的规划方式进行规划，找到最好、最完备的处理方式进行土地规划才是总目标。

最后，充分利用现代信息技术。在信息迅速膨胀的今天，信息技术的应用早已深入了各个领域行业，土地的规划改革行业也同样不能落后。在土地规划中，可以利用以往的土地规划数据进行整合，建立一个庞大的土地规划数据库，在后期的土地规划中便可以依据所规划地区地籍数据库，对规划修编及规划管理信息系统做到有效地建立运营，将各规划工作统一协调，整体提高土地利用总体规划的科学性与实效性。

三、加强土地利用总体规划措施

（一）树立科学规划理念

在规划期间，始终坚持节约土地的原则，尽可能避免农业用地，合理利用各种资源，从长远发展的角度科学规划城市建设用地，充分考虑规划规模，确保土地利用总体规划工作的合理性。同时，为了全面加强土地利用与规划效果，主管部门完善相关管理体系，科学编制不同区域土地规划方案，同时落实规划管理措施。

政府部门注重执行管理政策与制度方针，大力扶持土地规划管理部门发展，并且加大资金投入、技术投入、人才投入，确保所有人员加强工作意识，将生态理念融入实践工作中。按照国家标准法律、制度规定，落实各项土地开发与规划工作，顺利实施土地开发与规划。

（二）确定规划分工与内容

城乡规划工作中，为了提升土地资源规划效果，需要明确各个区域模块的功能、未来发展方向，将此作为土地利用总体规划工作的依据，提升城乡规划工作效果。实际工作中，需要对城乡的整体情况，包括规划范围内的城市、村庄、产业等分布情况进行深入分析，并制订规划发展计划，将此作为土地资源规划的目标，更好地发展城乡经济。运用土地利用总体规划工作中，需要提升对耕地资源保护工作的重视，在做好城市土地资源规划工作的同时，提升耕地土地资源的利用效果，避免耕地被占用的问题出现。实际规划工作中，加强国家政策的运用，将此作为监督两规施行依据，保证区域经济、文化等因素稳定发展，提升土地资源的利用率。通过对城乡规划与土地利用总体规划的分工，减少两规之间的矛盾，优化土地资源规划效果，促使我国国土资源得到更好的建设。

（三）落实和执行土地开发程序

土地开发总体规划复杂度较低，遵循生态理念，主管部门全面落实土地规划程序，规划利用人员做好前期准备，全面收集信息资料、评估土地资源、制定实施方案等。在不同工作环境中，全面落实生态环境理念，确保土地利用规划的规范性，严禁出现违法开发与利用现象。

第三节　耕地保护

一、布局困境解决路径

为全国范围内统筹布局耕地，我国应采取以粮食安全保障为基础，生态文明建设为原则，藏粮于地战略为抓手，国土空间规划为手段，实施"南控修""北护升""东守养""西退防"耕地保护空间战略。强化对南方地区耕地的管控和引导，减缓城镇开发边界扩张，提高耕地利用效率；加大北方粮食主产区投入，提高耕地质量；东部实施藏粮于地战略，安排休耕轮作，用养结合；适当核减西部地区耕地，防控生态风险。以耕地利用现状和耕地资源的适宜性为基础，划分耕地重点保护区、生态风险管控区、耕地生态利用区、耕地综合提升区、自然生态保护区、耕地多功能利用区 6 个分区，根据分区结果提出分区管控对策，制定耕地保护措施，缓解水土资源空间错配，为实现耕地的数量、质量、生态"三位一体"保护提供支撑。

为增强城市食物系统稳定性，减轻食物主产区供给压力，我国应将农业空间纳入城市规划中，提高城市内耕地保有量。

严格落实耕地保护任务，在城市边缘、间隙地带乃至公园绿化区域有序开展农田建设。明确市政府相关部门和区县政府的粮食安全责任，加强监督考核，扛起粮食安全政治责任的决策部署，确保城市农产品稳定有效供给。利用区位、市场等优势，增加农业产业园、蔬菜设施建设投入，用高投入换取高产出，提高土地利用效率，促进都市型现代农业高质量发展。

二、食物安全困境解决路径

构建基于膳食结构转变下的全域全类型农用地保护观，调整农业种植业结构，确保食物安全。因地制宜优化种植结构，提高饲料、水果、蔬菜产量。在保证不破坏耕作层的前提下，树立"作物中立"原则，引导区域饲料作物种植，满足动物性食物生产需求。鼓励大豆、玉米、苜蓿等饲料作物与粮食作物轮作，增加"非主粮"作物种植面积。

三、耕地多功能性应用路径

耕地多功能性逐渐成为传统农业改造实现现代农业振兴的关键环节，需要通过理论研究与实践应用两个方面解决。第一，全面核算耕地价值，避免耕地非生产功能价值认知缺失使得大量优质耕地转换成本过低而被侵占。第二，对耕地生产功能、生态功能、景观文化功能进行综合评估，分别通过功能水平和价格的形式予以体现，特别是对耕地的非市场价值进行重点测算，还原耕地实际价值，提高耕地保护内生动力。

第三章　农村基层组织政策

第一节　村党组织

一、聚焦领导责任体系，强化上下联动

健全的责任机制是实现党在农村全面领导的重要保障，也是压实各级参与整顿软弱涣散村级党组织工作职责的重要抓手。

（一）着力构建上下齐抓共管工作机制

各级党组织要坚持大抓基层的鲜明导向，把整顿工作作为推动农村基层组织高质量发展的一个过程、一个抓手，压紧压实各方责任。

首先，构建一套上下联动的责任工作机制，不仅明确市委、县委的领导责任，乡村党组织书记的主体责任，驻村工作组的推动落实责任，职能部门的协助责任及组织部门的督导责任，同时要体现加强和坚持党对农村的全面领导。

其次，坚持整乡推进、整县提升原则，重点难点村（社区）由市领导班子成员挂点负责，其他村（社区）由县领导班子成员挂点负责，镇（街）党工委书记担任第一责任人，市直属单位和县直属单位相关部门协助配合。市县两级领导班子成员要下沉到挂点村（社区），定期联席研判推进整顿工作，全程跟踪整改落实，组织牵头职能部门、帮扶单位的对接帮扶事项，把联系点变成示范点。村党支部委员会和村民委员会（以下简称村两委）干部要主动担责，从而形成攻坚克难的强大合力。

（二）着力从严精准选派驻村第一书记

按照"统筹选派、统筹管理、统筹使用"的原则，从市、县党政机关等单位中，精准选拔既懂农业、爱农业和爱农民，又愿意扎根乡村、甘于奉献基层的领导干部担任软弱涣散村（社区）的第一书记，并纳入后备干部队伍的管理专库。其中重点难点村由市委选派副处级干部担任第一书记，其他村由县委选派副科级干部担任第一书记，做到第一书记全覆盖。在此基础上，各软弱涣散村派驻一个工作组，队员可由驻村第一书记所在单位自行派，也可由市县统筹派。市县两级组织部门定期组织第一书记进行业务培训，为第一书记履行职责打好基础。

作为驻村第一书记，需要遵循沟通联络协调、检查监督推动和标杆引导示范的工作原则，摆正位置、处好关系，与工作组、镇村干部齐心协力，共同推进整顿各项工作。

（三）着力加大督导与考核工作的力度

考核督导是整顿工作的重要环节。通过严格督导，可以及时掌握整顿工作的进度和效果。市县两级组织部门要加强对软弱涣散村级党组织整顿各项工作的全面督查。镇（街）一级切实履行好主体责任，根据各村的情况，加强镇的挂点领导及驻片干部的力量。

督促村两委干部提高政治站位，自觉把整顿工作摆在重要位置，按照时间节点，以真刀真枪解决实际问题。组织部门要发挥好组织协调、督导考核的作用，旗帜鲜明为敢于担当、踏实做事和不谋私利的干部撑腰鼓劲。可根据整顿工作年度和期满考核结果，对实绩突出的第一书记、队员，按相关规定予以表彰、表扬，按干部管理权限优先使用或转任重要岗位，树立正确的选人用人导向，让优秀后备干部在全面乡村振兴一线历练成长、建功立业。把各个方面的力量调动起来抓落实抓整改，统筹推进，一贯到底，确保整顿工作落实、落地和落到位。

二、聚焦选优配强班子，加强队伍建设，提升自我革新，把好整顿工作的核心

俗话说，"火车跑得快，全凭车头带"。村两委干部作为全面推进乡村振兴的重要组织者、推动者和实践者，选优配强担当作为的"领头雁"至关重要。

（一）强化后备干部和党员的教育

村党组织要落实好"三会一课"制度，坚持用党的创新理论、最新成果武装头脑，深入推进"两学一做""党史"学习教育常态化，通过邀请领导授课、老干部授课和榜样人物授课等方式，组织村全体党员开展精细化集中学习，用重温入党誓词等活动，唤醒党员意识，加强政治建设，严明政治纪律和政治规矩，着力在提升高质量发展本领、服务群众本领和防范风险本领上下功夫，解决好党员带动能力不强和队伍软弱涣散的问题；并就近用好红色资源，通过开展主题党日活动、瞻仰革命遗址和参观红色教育基地的方式，加深党员对党的辉煌历程的了解，增强历史自信，以及提醒村干部务必不忘初心使命、弘扬伟大建党精神，用好批评与自我批评武器，对标对表找差距，聚焦问题补短板，通过这些举措激发党员队伍新活力。

（二）强化为广大村民服务的能力

驻村工作组要规范明确党支部、村民委员会与监委会的工作职责和作用，示范执行"四议两公开"制度，完善民主议事和民主决策程序，全面实行阳光村务工程。同时，争取市县两级职能部门在项目、资金和技术上倾斜，提高村两委干部化解矛盾纠纷的能力，把党建目标的责任和化解矛盾纠纷的责任分解到人，实现村党建工作逐级推动、抓好落实。督促村两委干部和后备干部勤走访、勤沟通和勤了解，说实话、办实事和报实情，努力帮助群众解决生产生活上的突出问题，为群众办几件看得见、摸得着的实事好事，提升群众的满意度与获得感。

第二节　村民委员会

一、乡村振兴背景下村民委员会的内涵与作用

村民委员会是村民自我管理、自我教育、自我服务的基层群众性自治组织，实行民主选举、民主决策、民主管理、民主监督，在服务农民群众、整合资源、促进治理现代化、保护乡村文化和生态环境以及推动乡村经济发展等方面发挥着重要作用，其可以根据当地实际情况，制订合适的发展规划，因地制宜地推进乡村振兴，进而使其成为乡村振兴中的重要力量。村民委员会的主要负责人由选举产生，保障人民的知情权、参与权、表达权和监督权，使村民委员会更加民主和透明。村民委员会可以帮助解决农民在生产生活中面临的各种问题，协调解决农民土地承包、农业技术、社会保障等方面的事务，提高农民的生活质量，推动农村经济的发展，做到替民办事，帮民致富，为民解忧。村民委员会能够整合政府、社会和市场资源，且调动村民的积极性，形成合力，动员村民共同推动乡村振兴战略的实施。乡村振兴背景下，村民委员会的发展要适应时代的要求，加强信息化建设，提高信息获取和处理能力，更好地为人民服务，推动治理现代化。

二、乡村振兴背景下村民委员会的实现路径

（一）优化村民委员会的内部整体结构

在乡村振兴背景下，优化村民委员会的内部整体结构是促进乡村振兴战略成功实施的重要举措。村民委员会内部结构的优化对于提高治理效能、发挥群众积极性具有重要意义。

（二）完善村民委员会的运行保障机制

村民委员会运行保障机制的完善对于提高治理效能、加强服务功能、激发农民积极性具有重要意义。

（三）加强村民委员会之间的交流与合作

加强村民委员会的交流与合作是推进乡村振兴战略的重要举措。通过积极促进不同地区村民委员会之间的交流与合作，可以实现经验共享、资源整合、优势互补，提高村民委员会的综合能力和服务水平，推动乡村振兴工作取得更加显著的成效。

第三节　村团组织

农村行政村团组织（以下简称村团组织）作为党在农村的助手和后备军，站在乡村振兴的主战场，必须第一时间响应党的号召，团结带领广大团员青年在乡村振兴中建功立业，贡献青春力量。

一、乡村振兴背景下村团组织的身份定位

村团组织作为共青团在农村的基层组织，要聚焦乡村振兴战略，找准定位，充分发挥自身优势，为实现乡村振兴提供有力支持。

（一）村团组织是引领凝聚青年投身于乡村振兴的有力助手

农村青年是乡村振兴的受益者，更是乡村振兴的主要建设者。要实现乡村振兴，必须引领凝聚农村青年投身于乡村振兴。作为农村先进青年的群团组织，村团组织在乡村振兴进程中有能力引领和凝聚青年。

（二）村团组织是组织动员青年在乡村建功立业的先锋力量

实施乡村振兴战略是新时代做好"三农"工作的总抓手。"听党话、跟党走始终是共青团坚守的政治生命，党有号召、团有行动始终是一代代共青团员的政治信念。"村团组织作为党领导的先进青年的群团组织，有能力组织动员广大青年在推进乡村振兴中发挥生力军作用。

其一，村团组织通过采取多种举措向农村青年传达乡村振兴战略的重大意义、振兴基础、发展态势、总体要求、指导思想、基本原则、发展目标、远景规划以及具体规划内容，让每位团员青年都能准确认识到乡村振兴的重要性和可行性，激发农村青年的主人翁意识和昂扬斗志，动员广大农村青年在乡村振兴中挥洒青春汗水。

其二，村团组织通过向农村青年及其家人传播农村将日益成为广大青年干事创业的广阔天地的思想，引导从农村走出去的高校学生、外出务工青年返乡助力乡村建设，同时通过发挥农村家庭对外出青年的感召力和凝聚力，以其家庭为媒介将农村发展的最新成果、相关资源配套及优惠政策展现给外出青年，吸引外出青年返乡创业就业。

其三，村团组织通过对接一系列围绕乡村振兴战略而实施的重大工程、重大项目、重大活动，并紧密结合本地农村发展特点及青年发展需求，有针对性地组织动员青年参与到乡村振兴的各项活动和工程中，为广大青年在乡村建功立业提供保障和支持。

（三）村团组织是为党和国家培养乡村青年人才的政治学校

村团组织作为共青团在农村的基层组织，站在新的历史起点上，有能力承担起为党和国家培养造就一支懂农业、爱农村、爱农民的"三农"青年工作队伍的重任。村团组织通过发挥思想育人、组织育人、文化育人、实践育人、服务育人的工作优势帮助农村团员青年"早立志、立大志，从内心深处厚植对党的信赖、对中国特色社会主义的信心、对马克思主义的信仰"，把他们培养成信仰坚定、能力突出、素质优良、作风过硬的青年马克思主义者，同时聚焦乡村振兴战略，以政策学习、技术培训、实践锻炼为主要培养内容，大力培养新型职业青年农民、农村青年创新创业人才、乡村青年治理骨干等"三农"领域内各类优秀青年人才，塑造乡村时代新人。如基于本村具体实际与青年自身要求，围绕农产品的加工、销售，刺绣、草编等极具特色的非物质文化遗产的创新、流通等开设"青创课""三农"讲堂、农村创业人才面对面等活动，培育农村创业创新人才。

二、纾解乡村振兴背景下村团组织建设困境的政策

新时代，村团组织要继续推进队伍建设、强化精神引领、增强工作主动、加强统筹协调，全面推进共青团组织建设，服务乡村振兴。

（一）推进队伍建设，提高能力素质

为充分发挥村团组织在全面推进乡村振兴中的作用，必须全面从严从实推进村团干部队伍建设，提高村团干部的能力和素质。

1. 加强业务指导

乡村振兴战略背景下，培养优秀的村团干部队伍，必须加强对村团干部的业务指导。共青团中央及省市县团委要加强对农村先进团组织特色工作经验的总结和提炼，并不断加强顶层设计，为农村团干部开展工作提供经验参考。县团委要带领乡镇团委根据本地发展实际，因地制宜谋划村团组织工作，增强村团组织服务乡村振兴战略的精准性。

2. 压实任期责任

压实责任是推动村团组织工作走深走实、见行见效的重要举措。乡镇党委和村党支部要把团的工作纳入工作规划，指导团组织深入学习乡村振兴战略、省市县乡关于乡村振兴的工作部署安排，给村团组织交任务、压担子、提要求，支持村团组织聚焦主责主业，独立自主地开展好服务农村、服务乡村振兴、服务青年的活动。村团组织要推行村团干部任期目标责任制，要求村团干部在上任履职前围绕当地农村发展需求、青年群众

要求，聚焦主责主业撰写年度任期目标书，明确工作期间在联系村内外团员青年、大学生志愿者，培养农村青年实用人才、创新创业人才、乡村治理人才等方面的工作职责，服务在外高校学子和外出务工青年返乡就业创业，开展"三会两制一课"组织活动、文体活动、公益慈善活动，农村团员青年思想政治引领，"三农"政策宣传等方面的目标要求，并交予村党支部审核其可行性和创新性，而后经村党支部同意调整之后，提交乡镇团委审定备案，并在本村党员、团员及青年群体中进行公开，接受党员、团员和青年群众的监督。

（二）强化精神引领，汲取奋进力量

提高农村团员青年的使命感、责任感和获得感是有效调动团员青年积极性、主动性、创造性的关键所在。乡村振兴战略背景下，要提振村团组织吸引力必须对团员青年坚持使命引领，深化榜样示范，健全激励保障。

1. 坚持使命引领

"提高团的吸引力和凝聚力，关键是高举理想信念的旗帜"。新时代，村团组织要大力加强对农村团员青年的理想信念教育，引导他们将个人的成长成才与实现乡村振兴相结合。村团组织要充分运用"青年大学习""智慧团建"等平台，组织农村团员学习党的创新理论，特别是习近平新时代中国特色社会主义思想，同时借助微信、QQ、微博、抖音、快手等平台向农村青年推送科学理论文章和宣讲视频，引导团员青年用正确的思想武装头脑，提升理想境界，并向他们传播农村天地广阔、大有可为的价值观，引导他们抓住乡村振兴的时代机遇，书写无愧于党和国家的青春篇章。

2. 深化榜样示范

"伟大时代呼唤伟大精神，崇高事业需要榜样引领。"乡村振兴战略背景下，村团组织要充分发挥团干部及团员的先进性和模范带头作用，形成干部领着干、团员抢着干、青年群众跟着干的热闹局面，用村团干部的主动激起广大农村青年的互动，进而逐渐形成青年的自觉行动，为乡村振兴注入强大的内生动力。同时，村团组织要通过团干部的榜样示范，引导优秀青年加入团干部队伍，引领动员更多优秀青年前赴后继地投身乡村建设。另外，村团组织要善于通过村宣传栏、微信群等平台向农村青年宣传乡村振兴青春建功行动中的感人事迹和成功案例，用事实向青年证明广大农村是大展宏图的舞台，青年能够在乡村振兴中成就自己、贡献社会。

3. 健全激励保障

在市场经济高度发达的时代，提升团员青年的获得感是激励他们承担起服务乡村振兴、服务青年重任的现实要求。共青团要灵活运用入党激励、荣誉激励、薪酬激励、岗位激励、机会激励、发展激励等方式增强团的吸引力。如建立"直通车"机制，对政治素养高、工作能力强的村团干部推优入党。增加农村团员青年在"五四奖章"、优秀共青团员、优秀团干部、青年创业奖等评优项目中的比例，授予荣誉称号、颁发奖章。推荐优秀村团干部参加省市县团委组织的交流培训、团的重点活动以及党和政府的重大活动等。县委组织部、人力资源和社会保障局每年拿出部分基层岗位，面向优秀村团干部进行定向招考，完善村团干部晋升渠道。

（三）增强工作主动，提升工作效能

村团组织作为党和政府联系青年的桥梁和纽带，在乡村振兴战略实施中，要在党的领导和支持下，积极主动开展工作。

1. 积极联系青年

密切联系青年是村团组织的基本功能。村团组织要通过多种方式和渠道与青年保持联系，将青年紧密团结起来。村团组织可以设置青年联络委员岗位，专门负责青年的联络工作，做

村团组织与青年之间的桥梁和纽带。一方面，青年联络委员要利用走村入户、电话沟通、邮件交流等方式对本村青年信息进行收集和整理，并运用大数据等方式管理农村青年信息，给青年建立信息卡、信息库，并不断更新青年信息。另一方面，青年联络员要与留守青年及外出务工、经商、就学、从教、参军等青年群体建立微信群、QQ群、抖音等网络联系渠道。例如，创建抖音号，记录和拍摄乡村新面貌，转发国家关于乡村振兴新政策、农村青年创业先进事迹等，激发青年热爱家乡、建设家乡的热情。

2. 主动服务青年

凝聚青年既需要先进的思想引领，又需要实实在在的服务。村团组织要增强工作主动性，深入青年之中，把青年的需求记在心上，围绕青年需求积极开展活动。各村团组织可以开通"青村之声"微信公众号。主动向青年推送创业就业、培训交流、婚恋交友、精神文化等信息，发布"三农"政策、"三农"讲堂视频，引导青年关注家乡发展、农村创业政策以及产业融合机会。青年联络委员主动联系青年，了解青年需求，使村团组织能够对症下药，精准对接青年服务需求，增强村团组织服务青年的针对性。另外，村团组织要紧密结合青年需求，聚焦乡村振兴战略积极主动地开展活动。如春节期间，组织青年与农村致富带头人开展面对面的交流活动，引导青年在农村就业创业，助力乡村振兴。

（四）加强统筹协调，凝聚工作合力

"资源是一切事业发展必不可少的条件和赖以生存的根基，更是提高共青团组织贡献率、参与率、认同率和影响力的重要保证"。巧妇难为无米之炊，没有资源的有力支撑，村团干部无法有效开展工作。因此，乡村振兴战略背景下，村团组织必须转变"等、靠、要"的做法，加强统筹协调，凝聚工作合力。

第四章　资源利用和环境保护政策

第一节　水资源利用保护

2022年1月，国家发展改革委、水利部印发《"十四五"水安全保障规划》，针对当前我国治水实际提出总体路线：坚持"节水优先、空间均衡、系统治理、两手发力"的治水思路，统筹发展和安全，以全面提升水安全保障能力为主线，强化水资源刚性约束，加快构建国家水网，加强水生态环境保护，深化水利改革创新，提高水治理现代化水平。零碳金融和水资源保护相结合亟待探索。

一、国家完善"零碳"融资制度

构建"零碳金融""生态文明"与"资源保护"的有机结合，建立"零碳金融"项目库，以及"零碳金融"评估指标体系，提升评估结果的精准度和透明性。将零碳金融的发展列入政府的计划和绩效评估中，提高零碳金融在水资源保护中的运用。构建完善的多级零碳融资系统，为水资源保护提供支持。

二、提高能源节约与环境保护的资金投入方式与规模

在生态环境恶化与资源快速消耗的大背景下，国家急需增加"绿色"财政投入，通过价格补贴、财政贴息等多种方式，引导企业降低能源消耗与污染，通过相应的考核制度，提升"绿色"财政资源的分配效率，促进环境与资源的高效利用。

三、以绿色金融为核心，建立零碳金融监管制度

一方面国家应该尽早制定规范的公司环境信息披露制度，

让公司能够在投资者、社会公众和金融机构等市场主体的监督下，公布各种真实、可靠的公司环境信息；另一方面在资金筹集过程中，要对资金筹集过程中的环境进行有效的审核与监督，从而安全有效地推动零碳融资，为水资源保护提供有力的支持。

第二节　森林资源利用保护

森林在调节气候、防风固沙等方面具有重要作用，科学开发森林资源还可产生较大的经济价值和社会价值。因此，加强森林资源的保护与管理，有利于实现林业的可持续发展。

一、森林资源保护与管理的重要性

（一）可实现对森林资源的全面保护

森林资源的开发有利于推动社会经济的发展，在森林资源保护与管理的策略下，要注重森林资源开发的适度性和合理性，兼顾开发和保护两项工作，确保森林资源的可持续发展。森林资源产生的经济价值可增加地方财政收入，地方政府划拨充足的资金用于森林资源的保护与管理，有利于持续提高森林资源保护和管理水平。由此，建立良性循环机制，以森林资源促进经济发展，以经济收益促进森林资源的保护与管理。

（二）有利于森林生态功能的发挥

科学开展森林资源保护与管理工作，有利于森林生态功能的发挥。森林的各种动植物及其生存环境共同组成了相对完整的生态系统，可起到调节森林及周边地区气候的作用。加强森林资源的保护与管理，可有效维持森林生态系统的稳定性，促进森林生态功能的发挥。

二、森林资源保护与管理

（一）制度层面

1. 执行限额采伐制度

地方林业部门应进行实地调查，评价当地林业资源状况，据此设定采伐限额指标，严格控制各林区的采伐。限额指标必须合理，采伐应不影响森林的正常功能，且满足林业生产生活的需求。同时林木采伐证在线办理平台，动态管控采伐活动，从源头上制止超限额采伐的行为。

2. 优化采伐审批程序

客观评价林业采伐审批程序的可行性，针对细节进行调整，实行"申请—核查—下发采伐证—开始采伐"的审批流程，有条不紊地开展各项工作。

具体而言，要加大审批力度，落实审批责任；规范采伐证的下发方式，确认权属证明的有效性和申请资料的完整性；科学控制采伐审批的最大范围，杜绝无节制的采伐行为。

（二）法律层面

1. 完善法律法规体系

持续完善法律法规，相关部门应从森林法律法规的现状出发，进行可行性评价，完善不合理之处。

同时，征集管护人员的建议，明确森林资源保护与管理的现有成果及难点，在此基础上有针对性地对森林法律法规进行完善。为了防止采伐活动对森林资源的破坏，需要在法规的条款中明确采伐要求、许可数量、采伐方式、采伐后管理等，实现对森林采伐的全面监管。

2. 严厉打击违法行为

林业部门与公安机关应互相配合，重点查处破坏森林资源的违法行为。同时，加大惩处力度，按照法律法规严厉惩处乱砍滥伐等各类破坏森林资源的行为，以起到威慑作用。

（三）管护层面

1. 加大宣传力度

森林资源保护与管理需要全社会的参与，尤其要防范人为因素引发的森林资源破坏行为，因此，进行相关宣传十分重要。森林在维持生态平衡、调节气候、涵养水源等方面均有重要作用，要通过多种宣传途径，让广大人民群众认识到森林资源的重要性，提高群众保护森林资源的自觉性与主动性。

2. 加强日常管护

根据各地区情况，制定切实可行的森林管护制度。同时，加强动植物保护和森林防火管理工作等。

3. 严格落实管护责任

严格落实森林资源管护责任，强化相关人员的责任意识。采取相应的奖惩措施，将森林资源管护成效与管护人员年度考核、工资发放挂钩，切实提高森林资源管护能力和管护水平。

第三节　草原资源利用保护

草原资源保证了草原生态结构平衡，而且在保证物种多样化、生物丰富性、资源环境多元化等层面都有显著贡献。广阔的草原环境同样孕育了特殊的草原资源，伴随我国经济的发展和人们思想意识的改变，草原资源被严重破坏，超载放牧、随意开垦、水资源随意浪费等现象，导致草原资源越来越稀少，拉响了自然资源维护的警钟。

一、草畜均衡

不科学应用草原资源具体表现为草畜比例不均衡，牲畜比例超过草场产草量，为确保牲畜食物获取，导致草场被超载放牧，随意踩踏，最后引发水土流失、草场荒漠化等严重问题。保证草畜均衡的基础条件是要管理牲畜数量，而且经过创建人工草场来实现增多产草量的目标。在创建人工草场时，能够通过在草场内穿插栽种豆科植物、禾本科植物等，达到"生态提产"的目的。豆科植物内的蛋白质成分高，用于牲畜牧草，可以有效增加牲畜的生产性能，提高整个牲畜肉质和幼崽成活率。

而且豆科植物可以吸收空气里的氮成分，从而增加土壤内的氮肥浓度，整体提升了草场资源的产草量和产草性能。如果依靠人工大量施加氮肥，就会造成地下水体亚硝酸盐浓度增大。所以，采取"生态提产"+人工草场方式，可以大幅度提高牧草产出量，适应畜牧业发展要求，增加其经济利润。

二、加强草原环境监测

草原环境监测是保护草原工作中一项十分关键的基础任务，草原监理机构应持续推进国家级草原资源和生态监测及预警机制监理、管理，努力实施全国草原范围、生产水平、生态自然情况及其草原保护和发展效益的监测任务，积极组织全国草原资源调研及普查活动，多角度统筹保护草原资源。

草原监理机构当前正在抓紧建立各级政府草原任务目标责任制，以形成草原保护和建设的合力，在退牧还草的基础上，实施了对已开挖草原退耕还草的项目。另外，还推进了畜牧业生产模式的改变，保障牧区经济架构的调节，实施草原牧民承包运营责任制，激发农牧民保护与发展草原的热情，增设草原围栏、牧区水利等基建项目投资，稳固与提升草原生产水平。逐步优化基础草原保护、草畜均衡、禁牧休牧及轮牧机制，使需要依赖草原工作生活的人更加爱惜草原、保护草原、建设草原。

三、制定草原开垦与治理方法

草原资源涉及较多具备良好效益的产物，所以，草原资源属于一个较大的生态保护库，其中，包括大量珍贵的中草药、矿物及自然产物，例如，肉苁蓉药用价值高，寄生于梭梭树根下。大范围栽种梭梭树可以起到防风固沙作用，但伴随人类大力采摘肉苁蓉，毁坏性的采摘方法破坏了梭梭树根部，造成草原荒漠化进度不断加快。

对于草原生态环境问题，全面调研草原环境，监测草原总数、退化状况等，和科研院所合作，提出草原治理对策。例如，经过策划畜牧业来维护草原；引入优质草种种植，使受损的草原区域能够逐步复原；针对荒漠化比较严重的地方，通过栽植树木与草皮的途径慢慢治理；积极创建草原保护设施，针对部分水利条件不好的地方兴修水利工程，促进补充灌溉，迅速复原草原环境。

第五章　农业生产管理政策

第一节　农作物种植管理政策

作物种植政策是指政府制定的与农业种植相关的法规、措施和政策。这些政策旨在促进农业生产发展，保障粮食安全，调整农业结构，推动农业现代化，提高种植业的生产效益和竞争力，促进农民增收。

作物种植政策通常包括以下几个方面的内容。

一、优惠政策

包括减免或免收农业相关税费，提供农资补贴和贷款优惠等，降低农民种植成本。

二、种植补贴

向农民提供种植补贴，鼓励他们种植某些农作物，以确保农产品供应的稳定和市场价格的合理。

三、农业保险

建立农业保险体系，保障农民的种植风险。政府可以为农民提供农业保险补贴，降低农业风险带来的经济损失。

四、农业技术支持

投入资金和人力资源，开展农业技术研究和推广，提高农作物的生产力和品质，推动农业科技进步。

五、土地政策

对土地使用进行规划和管理，调整农业用地结构，促进农业集约化和可持续发展。

六、种植结构调整

根据市场需求和资源优势，引导农民调整作物结构，提高农产品的品质和附加值。

七、全程管理和监管

加强对农作物种植全程的管理和监督，确保农产品的质量安全，维护农民和消费者的权益。作物种植政策的制定与推广可以促进农业产业的良性发展，提高农业生产效益和农民收入水平，保障粮食安全，提升农业的可持续发展水平。

第二节　农业投入品管理政策

2022 年，农业农村部印发《"十四五"全国农产品质量安全提升规划》，将实施全链条监管中的加强投入品监管列为重点工作内容。

一、加强投入品宏观调控，坚守质量安全底线

（一）合理规划生产，推行绿色防控

以上海水稻生产为例，上海农业农村主管部门制定水稻绿色防控规程，通过生态调控、物理防治、生物防治等措施，精准布局，确保生产达到绿色食品要求。病虫害防治坚持"预防为主，防治结合"的原则。肥料的施用坚持以安全优质、化肥减控、有机肥为主原则，以土地可持续发展为宗旨，在保障植物营养有效供给的基础上减少化肥用量，兼顾施肥过程中的元素比例平衡，无机氮素用量不得高于当季作物需求量的一半。配合种植绿肥、秸秆还田深翻土壤等技术，提高有机质含量，增强农作物的抗逆性能。通过合理规划生产，推行绿色防控，实现投入品使用安全。

（二）提升信息化水平，强化全程可追溯

不断推进农业信息化建设，通过开发"农产品安全监管"

平台，实现投入品使用全程可查，有效强化绿色食品检查和监管工作。以往的纸质投入品使用档案记录需要生产者以诚信自我约束，互联网平台的开发实现了"用数据说话，用数据管理"，极大地减少了绿色食品生产者滥用投入品、伪造不实信息的可能。通过加强日常监管，核实生产者平台使用情况，绿色食品检查员、监管员可随时随地核查生产者投入品的购买、使用、登记是否符合规定要求，确保了投入品环节的全程可控。

二、推进绿色生资认定，保障绿色投入品供给

绿色食品生产资料（以下简称绿色生资）是绿色食品产业体系的重要组成部分，是绿色食品产品质量的物质技术保障。优于国家标准的绿色食品标准体系对绿色生资的使用原则、种类和使用规定作出了具体要求，这在一定程度上拔高了绿色生资的认定起点，通过设置严格的准入门槛，将有毒有害、有风险隐患的原料排除在外，从源头上保证了绿色生资产品的安全优质与绿色环保。申请绿色生资的产品，一是必须符合绿色食品投入品标准要求，经中国绿色食品协会审查许可；二是产品要有利于保护和促进使用对象的生长，提高使用对象品质，不造成使用对象生产和积累有害物质，不影响人体健康；三是生产过程符合环保要求，对生态环境无不良影响；四是对有争议的技术持谨慎态度，禁止转基因和以转基因原料加工的产品。绿色食品生产资料企业的发展，为保障绿色食品产品质量、保护农业生态环境提供了更好的物质条件，绿色生资产品表现出显著的环境友好特点具有更好的生态效应。目前，我国获得生产资料企业逐年增多，产品数量不断增加，但仍然不能满足我国农业产业绿色发展的生产需要。如绿色食品畜牧业与渔业的发展，离不开绿色饲料生资的提供，但由于饲料原料豆粕目前多为转基因原料，非转基因豆粕产量有限，极大地阻碍了饲料企业向绿色生资方向发展。

三、持续推进绿色食品投入品管理

（一）加强人员培训，强化专业素养

绿色食品检查员、监管员（以下简称两员）是绿色食品投入配标准的实践者。例如，上海市目前已有较多两员队伍，但大部分人员局限于对绿色食品行业标准了解，在种植、养殖等投入品的专业领域知识储备较少，缺乏对申报主体投入品使用快速核查并作出评估的能力；对农药、肥料、兽药、渔药等跨专业跨领域知识了解较少，缺乏对生产全过程投入品使用的风险评估能力。因此在今后两员队伍建设中，一方面，应该加大各区工作机构的专业人才储备，确保每个区种植业、养殖业、加工业都具备相应的专业人员，具备该专业领域的检查技能；另一方面，应通过组织绿色食品生产资料注册管理员培训，推进上海市绿色食品生产资料管理员队伍建设，为绿色食品生产资料在上海的发展做充分的人员储备。

（二）及时修订标准、开展效果研究

按照绿色食品质量监管的技术标准和规范要求，从源头上进一步强化绿色生资标准体系建设，积极引进和采用国际先进标准，加快修订绿色生资技术标准和操作规程，特别是结合绿色食品生产加工过程标准及标准化生产要求，不断补充、修订和完善绿色生资许可条件。各级绿色食品机构和检查员应在规范、标准调整后，及时梳理农药、肥料、渔药等清单目录，确保标准可用药肥及时更新和动态调整，同时依托示范基地和企业，围绕环境质量、投入品减量化、产量产能、综合效益等指标，组织开展绿色生资与普通生资使用效果的对比研究。在落实农药登记作物的要求上，应广泛摸底调研绿色食品农作物种植所需投入品情况，加强小宗作物用药相关登记，确保在现有农药管理政策下合法合规使用农药，促进农药供给，以保障生产安全和绿色食品产业健康发展。

（三）树立品牌形象，加强产业引导

生产资料是绿色食品产业供应链的源头。一是树立绿色食品生产资料品牌的形象，引导鼓励新技术产品企业、国内知名品牌企业申报绿色生资，增加品牌影响力，增加绿色生资企业的市场认知度和认可度。二是建立健全市场服务机制，创新供求交流方式，搭建绿色生资企业、绿色食品企业以及基地的信息对接平台，探索建立市场共享交流渠道，促进绿色食品产业供需对接，为绿色食品产业链上的企业提供稳定、合格的原料和产品来源。三是积极引导绿色生资企业和产品广泛参与绿博会、农交会等全国性农产品交流活动，充分利用广播、电视、报刊等传统媒体与网络、微信、微博等新兴媒体，多层次、立体化、全方位地宣传绿色生资基本理念、市场前景等相关情况，提高生产经营主体对绿色生资的普遍认识，为绿色食品生产资料发展营造良好商业环境，从而促进绿色食品产业健康发展。

第三节　农业防灾减灾救灾政策

2024 年发布的中央一号文件多处涉及农业农村防灾减灾救灾，其中提到"加强气象灾害短期预警和中长期趋势研判，健全农业防灾减灾救灾长效机制""加强农村防灾减灾工程、应急管理信息化和公共消防设施建设，提升防灾避险和自救互救能力。"

一、气象灾害短期预警时效性与准确率还需提升

2024 年中央一号文件提到，"加强气象灾害短期预警和中长期趋势研判"，当前，我国在气象灾害监测、预警方面已取得显著进步，建立了世界规模最大的地空天一体化综合气象观测系统，气象灾害的快速跟踪、准确定位的多维度监测能力有了较大的提高。天气预报准确率、精细度、时效性也持续提高，气象为农服务的广度、深度得到了长足的发展。

近几年，针对农业农村防灾减灾救灾的实际需求，气象灾害的短期预警和中长期趋势研判对农业农村应急减灾、避灾、救灾以及防灾特别重要。我国目前在极端性、局地性灾害短期预警的监测分析评估、预报准确率、预警时效性、精细化水平上还有较大的提升空间。针对农业气象灾害的复杂性，提高中长期预报能力，降低中长期趋势研判的不确定性方面也有待加强。同时，也需要跨部门、跨领域进一步加强合作，建立高效的协同机制，交叉创新解决问题。

二、建立高效农业灾害应急响应及恢复体系

2024 年的中央一号文件提到，"健全农业防灾减灾救灾长效机制"，这意味着要建成一个持续、有效的系统，以应对气象灾害和生物灾害对农业造成的损害，在增强农业韧性、减少灾害风险、降低因灾损失、保障国家粮食和农产品稳定安全供给、实现农业现代化方面发挥系统性功能。需要从组织机制、风险管理、预警体系、应急处置、工程装备、科技支撑、宣传教育等方面入手，不断提高我国农业防灾减灾救灾的能力和水平。这个机制既要在农业气象灾害的常态化治理中发挥根本的作用，也要在紧急应对时发挥抗灾减损的作用。

机制建设就是要完善农业防灾减灾救灾的相关政策和组织体系，明确各防灾减灾救灾主体的责任和义务，形成高效联动的工作合力。要广泛深入开展农业农村气象灾害风险评估，制定完善相应的风险管理策略和应急预案。建立完善农业监测与灾害预警系统，实现对各类农业灾害的及时预警和防范。

此外，还要建立高效的农业灾害应急响应及恢复体系，确保灾害发生时能够迅速响应、有效处置及高效恢复。在工程装备建设方面，要加快高标准农田、中低产田改造、抗逆减灾等防灾减灾工程建设，提高减灾救灾的装备水平。在科技支撑与创新能力层面，要加强农业农村防灾减灾救灾的基础研究、技术研发和成果应用，提高灾害防范和应对的科技创新能力、支

撑能力。加强农业防灾减灾救灾宣传教育，普及防灾知识，提高农民的灾害防范意识和应对能力，有助于促进农民积极参与灾害防范和应对工作。

三、进一步提高预警系统的精确性和覆盖范围

为更有效地在自然灾害中自救，应该注重教育与培训，提高农民对自然灾害的认识，掌握防灾避险自救互救的知识和技能，提高自救互救能力。要加强农村地区的水土保持和生态建设，以及防灾减灾等工程建设，针对地震、暴雨、洪水、滑坡、泥石流等重大灾害及时有效避险。要利用信息化手段，建立应急管理信息化平台，整合各类信息资源，实现灾害预警、应急指挥、救援协调等方面的智能化和高效化。

四、遵守消防的法律法规，提高农村的防火抗灾能力

加强公共消防设施建设，增强消防意识，遵守消防的法律法规，提高农村的防火抗灾能力。制定和完善分级应急预案，在组织机制、救援队伍、场所装备、自救互救、定期培训演练等方面加强建设。

我国防灾减灾的软硬件能力不断提高，仍需进一步提高预警系统的精确性和覆盖范围、增强基础设施的韧性、完善应急救援体系、加强公众教育和培训。就农业防灾减灾而言，无论是国内还是国外，都有一些比较好的案例可以借鉴和参考。例如，在国内，水利工程与设施、抗旱节水灌溉、农田防护林、高标准农田建设等工程，夯实了农业农村防灾减灾的硬件基础，中国农业科学院等机构在农业防灾减灾技术研究和应用方面提供了支撑。农业农村部联合中国气象局、水利部等部门建立了联合会商研判灾情机制，中国农业科学院为稳产保供抗灾夺丰收成立了产业专家团，建立了常态和应急兼顾的农业防灾减灾队伍，增强了农业防灾减灾的软实力。我国在抗灾救灾资金和政策方面不断完善，特别是农业保险发挥了重要的风险补偿和

转移功能。

国际上，有的发达国家建立了完善的农业风险管理体系，通过提供资金和技术支持，帮助农民和农业组织应对自然灾害和气候变化带来的风险。有的发达国家还通过建立完善的农业保险和灾害救援机制，提高农业的抗灾能力。

第四节　粮油稳产保供政策

一、优化种植规划与布局

1. 开展区域资源评估

组织农业专家和相关部门对不同地区的气候条件、土壤特性、水资源状况等进行全面深入的评估。根据评估结果，明确各区域适宜种植的粮油作物种类。例如，对于气候温暖、水资源丰富且土壤肥沃的地区，可以优先规划种植水稻等需水量较大的作物；而在干旱少雨、土壤较为贫瘠的地区，则适宜安排种植耐旱的玉米、高粱等作物。通过精准的区域资源评估，实现粮油种植的科学布局，提高土地利用效率和产出效益。

2. 制定动态种植计划

建立粮油市场监测机制，密切关注国内外粮油市场的供求变化、价格波动以及消费趋势。根据市场动态，及时调整种植计划。当某种粮油产品市场需求旺盛、价格上涨时，适当扩大该作物的种植面积；反之，若市场供过于求、价格下跌，则减少种植面积，引导农民合理调整种植结构。同时，结合国家粮食安全战略需求，确保主要粮食作物的种植面积保持在一定的稳定水平，以保障国家粮食安全的基本需求。

3. 推进特色粮油产业发展

挖掘各地的特色粮油资源，积极培育和发展具有地域特色的优质粮油产品。例如，某些地区的土壤富含特定的微量元素，可以大力发展富硒大米、富锌小麦等特色粮油种植；一些具有传统优势的粮油品种，如某地的特色小杂粮等，可以进行品牌化打造和推广。通过发展特色粮油产业，提高产品附加值，增加农民收入，同时丰富市场上的粮油产品种类，满足消费者多样化的需求。

二、加强农田基础设施建设

1. 提升水利设施效能

加大对农田水利设施建设的投入力度，对老旧灌溉渠道进行修复和改造，提高灌溉水的利用效率。建设现代化的灌溉系统，如喷灌、滴灌等高效节水灌溉设施，根据不同作物的需水特性进行精准灌溉，减少水资源浪费。在山区和丘陵地区，因地制宜地修建小型水利工程，如蓄水池、塘坝等，收集雨水和地表水用于灌溉。加强对水利设施的日常维护和管理，建立健全水利设施管理机制，明确管理责任，确保水利设施在粮油生产关键时期能够正常运行。

2. 改善农田交通条件

制定农田道路建设规划，将农田道路建设与农村交通基础设施建设相结合，形成互联互通的农田交通网络。拓宽和硬化田间道路，确保农业机械和运输车辆能够顺畅通行。在道路两侧设置排水设施，防止雨水冲刷对道路造成损坏。加强对农田道路的维护和管理，及时清理道路上的杂物和障碍物，确保道路安全畅通。良好的农田交通条件不仅有利于农业机械的作业和农产品的运输，还能提高农业生产的效率和效益。

3. 强化农田防护设施建设

在易受自然灾害影响的地区，加强农田防护设施建设，如修建防护林带、防洪堤等。防护林带可以起到防风固沙、调节气候、减少水土流失的作用，为粮油作物的生长创造良好的生态环境。防洪堤可以有效抵御洪水灾害，保护农田免受洪水侵袭。同时，加强对农田防护设施的维护和管理，定期检查和修复防护设施，确保其在自然灾害发生时能够发挥应有的防护作用。

三、推动粮油产业可持续发展

1. 发展绿色生态种植

推广绿色生态种植技术，减少化肥、农药的使用量，降低农业面源污染。采用生物防治、物理防治等绿色防控技术，防治病虫害。推广有机肥替代化肥行动，提高土壤肥力和农产品品质。发展生态循环农业，如"稻鸭共育""猪沼果"等模式，实现资源的循环利用和农业的可持续发展。通过发展绿色生态种植，生产出绿色、安全、优质的粮油产品，满足消费者对高品质农产品的需求。

2. 促进粮油产业融合发展

推动粮油产业与二三产业融合发展，延长粮油产业链，提高产业附加值。鼓励粮油加工企业发展精深加工，开发多样化的粮油产品，如营养强化米、高纤维面粉、功能性油脂等。发展粮油物流配送、电子商务等现代服务业，拓宽粮油销售渠道。同时，结合乡村旅游、休闲农业等产业，发展粮油观光、体验农业等新业态，促进农民增收和农村经济发展。

3. 加强粮油质量安全监管

建立健全粮油质量安全监管体系，加强对粮油生产、加工、流通等环节的质量安全监管。加大对粮油质量检测设备和技术的投入，提高检测能力和水平。严格执行粮油质量安全标准，加强对农药残留、重金属超标等问题的检测和治理。对违法违规生产经营劣质粮油产品的行为进行严厉打击，确保消费者吃上放心粮油。通过加强粮油质量安全监管，提高粮油产品的质量和安全性，增强消费者对粮油产品的信任度。

四、国家支持政策

（一）财政支持

1. 补贴投入

政府为鼓励粮油生产，向种植户提供直接补贴，包括粮食直补、良种补贴、农资综合补贴等，降低农民的种植成本，提高种植积极性。

2. 农业科技研发资金

拨付专项资金支持粮油作物新品种培育、高效栽培技术研发、病虫害防治技术研究等，推动粮油生产的科技进步，提高单产和品质。

（二）政策扶持

1. 土地政策

严格保护耕地，确保粮油种植面积稳定。实行耕地占补平衡政策，保证补充耕地的质量与数量。鼓励土地流转，促进粮油生产规模化经营。

2. 产业政策

制定优惠政策，扶持粮油加工企业发展，提高粮油加工能力和产品附加值。支持粮油产业园区建设，推动粮油产业集聚发展。

3. 保险政策

推行粮油作物农业保险，降低农民因自然灾害、病虫害等风险造成的损失。提高保险赔付标准，增强农民的抗风险能力。

第六章　农村经济发展政策

第一节　农村电商发展政策

乡村振兴战略作为我国解决"三农"问题的重要举措，对于繁荣农村经济和提高农民生活水平具有重大意义。近年来，随着互联网技术的普及和农村基础设施的完善，农村电商逐渐崛起，成为推动农村经济发展的新引擎。然而，在乡村振兴战略背景下，农村电商在发展过程中仍然存在诸多问题，亟待加以解决。

一、农村电商在乡村振兴战略实施中的作用分析

（一）农村电商助力农产品销售，提高农民收入

农村电商的发展对农产品销售起到了积极的推动作用。传统的农产品销售通常依赖于中间商和批发市场，这样的销售模式存在中间环节成本高、信息不对称等问题，导致了农产品价格被压低，农民的收入受到限制。而农村电商的出现，通过网络平台将农产品与消费者直接联系起来，消除了中间环节，提供了更加便捷高效的销售渠道。农民可以直接在电商平台上发布农产品信息，实现农产品的直接销售。这样不仅降低了销售成本，还有效解决了农产品的滞销问题，增加了农民的收入。同时，农村电商还推动了农产品标准化、品牌化、规模化的发展，提升了农产品的附加值，使农民获取更高的收益。在电商平台上，农产品的信息可以进行标准化和规范化的呈现，通过统一的包装、标签、说明等可以提高农产品的品质和形象，吸

引更多的消费者购买。此外，电商平台还为农产品的品牌建设提供了良好的机会，农产品品牌的建立不仅可以使农产品赢得更多的消费者信任，还可带来更高的价值和溢价空间。农村电商的发展为农民提供了一个更加广阔的销售渠道，为农民创造了更多增值的机会，提高了农民的收入水平。

（二）农村电商促进了农民就业，推动农村产业结构调整

农村电商的发展带动了一批年轻人回乡创业，实现了乡村人才的回流，为农村经济发展注入了新活力。传统的农村经济主要依赖于传统的农业生产和农村就业。

由于农田面积有限，农民增收的渠道有限，导致农村人口流失和农村经济的发展受限。而农村电商的兴起为年轻人提供了一个回到农村发展的机会，通过创业从事电商平台的运营、农产品销售等业务，实现了自己的就业和创业梦想。这些年轻人通过自己的努力和创意，为农村电商注入了新的活力和创新动力，推动了农村经济的发展。此外，农村电商的发展还带动了农村物流、包装、客服等相关行业的发展，进一步推动了农村产业结构的优化升级。农村电商作为个体农户与消费者之间的桥梁，需要依赖物流、包装等相关行业的支持。快递配送、冷链物流等服务的发展，为农村电商提供了更加便捷可靠的配送渠道和保障，解决了农产品运输和保存等问题。

（三）农村电商推动了基础设施建设，提升农村生活水平

随着农村电商的快速发展，农村网络和交通等基础设施得到了极大的改善和提升。农村地域广阔、人口分散，交通不便，通信网络状况较差，限制着农民的生产、生活和交流。而农村电商的兴起为农村提供了强有力的解决方案。为了满足电商平台的运营需求，政府加大力度提升了农村的通信和网络基础设施，推动了农村网络的普及和提速，使农民能够更加畅通地进

行电商交易。同时，为了保障电商平台上商品的快速配送，政府加大了农村交通基础设施的建设力度，铺设了更多的道路和交通枢纽，缩短了农产品物流的时间和成本，提高了农产品的上市率和附加值。农村电商的发展也为农村带来了更多的就业机会，提高了农民的生活质量。

（四）农村电商促进了乡村文化振兴，传承发扬乡土文化

农村电商的发展带动了城乡文化的交流和交融，使乡土文化在新时代焕发出新的活力。随着电商平台的崛起，农民的生活方式和消费观念发生了变化，新的理念、新的事物不断传入农村，对传统的乡土文化带来了新的影响和变革。例如，农产品的品牌化和营销宣传需要注重产品包装和品牌形象的塑造，这就需要农民通过宣传材料和形象设计来传递农产品所代表的乡土文化，推动乡土文化的传承和发扬。

二、农村电商发展政策

（一）建设物流配送网络，提高配送效率

1. 建设完善的物流配送网络

加大对农村物流配送网络的投入，优化农村道路交通状况，提升农村的物流基础设施建设，包括修建宽敞平整的农村道路，增加农村快递站点和配送中心数量，提高农村的仓储和货运能力。同时，通过引入第三方物流企业，建立与城市物流系统的对接，提高物流配送效率，降低物流成本。此外，可以探索采用农民专业合作社等组织形式，进行农产品的统一收购、储存和分发，提高物流效率和降低农产品流通成本。

2. 加强农村电商物流信息系统建设

建立统一的农村电商物流信息平台，实现订单管理、配送路线规划、货物跟踪等功能，提高物流信息的透明度和可追溯性，加快物流配送的速度和精确度。同时，采用物联网技术和

大数据分析，对农产品的产地、产量、质量等信息进行采集和分析，以提供精准的物流解决方案。

（二）加大政策扶持力度，优化营商环境

1. 政府应加大对农村电商的政策扶持力度

通过出台优惠政策和补贴措施，鼓励和引导企业、个人在农村地区投资兴办电商企业。例如，可以对农村电商企业提供租金补贴、税收减免等支持措施，降低企业的运营成本。此外，可以通过设立专门的基金，向农村电商企业提供贷款和融资支持，帮助其解决资金问题，推动其发展壮大。

2. 优化农村电商的营商环境

加强对农村电商市场的监管和规范，建立健全的市场准入制度和监管机制，保护农村电商企业的合法权益。此外，还应加强知识产权保护，打击假冒伪劣产品的生产和销售，维护农村电商市场的公平竞争秩序。同时，应加强对农村电商人才的培养和引进，通过举办培训班、开展实训活动等方式，提升农村电商从业人员的专业素质和能力，增强其竞争力。一方面，加大对农村电商的政策扶持力度，例如，给予税收优惠政策，加大对农村电商平台的支持力度等。另一方面，建立健全农村电商市场监管机制，保护农民和消费者的合法权益，提高农村电商的诚信度。同时，加强对农村电商市场的监测和研究，及时掌握市场发展情况，为政策制定提供科学依据。

3. 建立与城市电商平台的对接机制

推动农村电商企业与城市电商平台建立合作关系，借助城市电商平台的资源和优势，提升农村电商的推广和销售效果。通过与城市电商平台的合作，农村电商企业能够拓宽销售渠道，提高产品的曝光度和知名度，促进农村电商的快速发展。

（三）完善农村基础设施建设，提升电商硬件水平

1. 加大对农村基础设施建设的投入

通过改造和升级农村电网，增加供电容量，解决农村电商企业对电力需求不足的问题。此外，还需要加大对农村网络建设的投入，提高农村互联网的覆盖范围和速度，为农村电商提供稳定和快速的网络服务。同时，加强农村的仓储设施建设，提高农产品的存储能力和保鲜技术水平，确保商品的质量和新鲜度。

2. 提升农村电商的硬件水平

政府和农村电商企业可以共同投入资金，建设现代化的农村电商园区，提供便利化的办公场所和生产设施。园区可以配备先进的电商设备和仓储设施，如智能化的物流配送系统、冷链设备等，提高农村电商的生产和经营效率。此外，还可以组织专业的电商技术开发团队，开发和应用适合农村电商特点的信息技术，包括移动支付、大数据分析等，提高农村电商的信息化水平。

3. 鼓励农村电商企业与相关行业进行合作

依托农村电商企业与相关行业的合作，共同推动基础设施建设和电商硬件水平的提升。例如，农村电商企业可以合作与快递公司、软件开发公司、物流企业等，共同建设和开发适合农村电商需求的配送和信息化系统。

通过合作，共享资源和优势，提高农村电商的发展实力和竞争力。

（四）培育农村电商人才，提高农民电商技能

1. 采取多种措施培育农村电商人才

一方面，加大对农村电商人才的培养力度。政府可以通过开办电商培训班、举办电商竞赛等方式，培养农村电商人才。

同时，还可以引导优秀的大学毕业生、退役军人等向农村电商行业转移就业，为农村电商输送新鲜血液。另一方面，建立健全农村电商人才评价和激励机制，通过提供职称评定、岗位晋升和薪酬激励等方式，吸引和留住高素质的农村电商人才。

2. 提高农民的电商技能

通过开展农民电商技能培训，向农民传授电商知识和技能。培训内容包括电商平台注册和使用、产品拍摄与编辑、营销推广等方面。此外，还可以利用信息化手段，提供在线学习资源和视频教程，让农民能够随时随地学习电商技能。同时，政府可以鼓励企业和社会组织开展农民电商技能培训，通过专业的培训师资和实践教学，提高农民的电商技能水平。

3. 加强乡村电商产业链的建设，推动农村电商向产业化发展

农村电商不仅是一种销售渠道，更是一个完整的产业链。政府可以加大对电商产业链上下游的扶持力度，鼓励农民参与电商产业链的各个环节，如农产品种植、加工、包装等。与此同时，政府还应加强对农村电商产业链的规划和引导，形成优势互补、产业协同的电商产业集群。通过产业链的完善，可以进一步提高农村电商的效率和竞争力，打造特色农产品品牌。

第二节 农村产业发展政策

党的二十大报告明确提出，现阶段推进乡村振兴的重要内容是坚持农业农村优先发展，不断巩固拓展脱贫攻坚成果，加快建设农业强国，扎实推动乡村产业振兴。产业兴旺是乡村振兴战略目标实现的环节，是推动农村经济发展、农民生活水平提高以及农业现代化发展的重要支撑力量，也是实现共同富裕目标的重要内容之一。

一、新时代农村产业发展的现状分析

新时代，随着国家对农村农业问题的高度重视，产业在农业发展中所发挥出来的作用越来越明显。在此基础上，如何研判新时代产业高质量发展的优势与劣势，就成为推动乡村全面振兴的重要内容之一。总体来看，当前推动农村产业发展的特点是优势与劣势并存，并呈现出优势大于劣势的现实情况，这为继续推进农村产业发展提供了良好基础。

（一）基础设施逐步完善为农村产业发展提供了新支撑

近年来，随着脱贫攻坚力度不断加大，同步带来了农村基础设施的不断完善。乡村连接城市的重要交通线路开通，造成区域内的整体交通、区位优势进一步凸显，为农村产业发展将带来新的契机。尤其是近年来以集镇规划为龙头，村组建设为重点，全面提升集镇承载力和农村水电路网基础设施建设，引水工程、自然村庄绿化工程、生态精品工程、林业生态建设工程、乡村公路交通沿线绿化工程等生态建设工程逐步推进，为农村产业实现高质量发展奠定了基础。

（二）信息现代化为农村产业发展提供了新生机

农村产业发展离不开信息化的有力支撑。现阶段，以信息化为主要手段的产业发展已经越来越成为乡村发展的新常态。通过借助互联网、电商平台等新技术新领域，农村产业在营销、推广等方面的路径越来越多元。

（三）干部队伍为产业发展提供了组织新保证

在新形势下，从国家到地方不断充实农村干部队伍，强化村级组织产业人才保障，围绕产业干什么，制定工作职责、工作制度和工作纪律；围绕产业怎么干，制定工作流程图。根据本地区实际情况，聚焦农村产业怎么发展、如何发展进行培训，为产业发展提供了强大的人才保证。

二、新时代实现农村产业高质量发展的政策

实现农村产业高质量发展是一项长远之计，并非一朝一夕就能实现重大突破和取得重大成效。要在国家农业产业政策精神的总体指导下，根据各个地区实际情况和资源禀赋，按照"生态、高效、特色、精品"现代农业发展要求和产业发展空间布局，着力在不同方向、领域和层面做好产业发展规划和布局。

（一）加大投入，夯实农业生产能力基础

农业生产能力基础的夯实包括基础设施的完善、科学技术的投入力度，还要求城镇发展反哺农业，这是实现农业产业发展的前提性和基础性工作。

一是加大农业保障性投入，立足现有产业基础，围绕有机蔬菜、生态养殖、特色林果等当地农产品，大力发展特色种养殖业。

二是积极推进智慧农业建设，培育农产品电商示范企业和电商村，扩大优质特色农产品线上销售规模和知名度。

三是实现农业产业发展品种特色化、种养科技化、加工现代化、销售网络化，努力实现农村产业兴、农民富、乡村美的目标。

四是建立以集镇规划为龙头，村组建设为重点，全面提升集镇承载力和农村水电路网基础设施建设。

五是积极争取资金和项目，推进出入口通道建设，实现入镇通道与集镇市政路网衔接和周边村组的贯通，努力形成畅通环线，不断夯实农业生产能力基础。

（二）优化布局，做大做强特色优势产业

坚持绿色发展理念和"连点成线、连线成片、带圈发展和规模经营"思路，打破区域界限，强化区域联动，优化产业布局，全力打造特色产业长廊。

一是根据各地资源禀赋、产业基础、区位条件和发展定位，

积极推行"资产入股、保底分红"模式。

二是依托乡镇集体和本地农业企业，在招引、培育新型经营主体上下功夫。坚持农户、企业和村组"三个自愿"，采取"党支部+龙头企业+村集体+农户"模式，整合农村孤寡、病重、残疾、整家外出等无劳动能力的群众到户产业资金、产业发展周转金结余资金、小额信贷资金、帮扶部门捐赠款，以及享有的集体资产股权等资金，积极推行"资产入股、保底分红"模式。

三是通过规模发展种养殖业和农产品加工业，在周期内按照财政投入资金、村集体资金等量化成股份，实行村集体、农户、企业差异化分红。

四是要积极推行"协议回收、订单种养"模式，当地企业要推进现代管理理念和市场优势，大力发展订单种养，按照统一种子发放、统一技术指导、统一销售渠道、市场价高于合同价时农户可分散销售的"三统一分"原则，与农户签订订单种养合同，保护价回收农产品；农户依据合同规定，规范种养、并按时出售农产品，强化产业链条，切实解决销售难题。

（三）外培内引，培育新型农业经营主体

转变发展方式，培育新型产业主体。

一是重点开展省、市、县三级龙头企业和专业合作组织创建工作，鼓励支持大众创业、万众创新的工作举措，切实解决回乡创业人士普遍关心关注、带倾向性的问题，有效激发创业热情。

二是重点稳定主粮的播种面积，推广示范样板。做好科技服务和灌溉用水调度供应，推动品种改良、质量提升和单产提高，实现主粮丰产丰收。

三是采取抱团入股参与经营决策，消除农村零产业状态，村集体经济收入在一定规模以上的，实现村有集体经济、农户有稳定收益的发展目标。

四是支持发展一批产业合作社，发挥科技示范引领作用，带动广大群众种植特色经济作物，使广大群众种出水平、种出效益。坚持多样化、差异化、错位化原则，采取"政府组织、企业带动、群众参与"方式，提高农村产业覆盖度和群众参与度。

五是要积极推行"支部引领、能人带动"模式。推行"支部+龙头企业+农户""党员+专业合作社+农户""富村+穷村"等发展模式，引导党员致富能手结对帮扶困难群众，打造一批有文化、会经营、懂管理的"土专家"和"田秀才"。

（四）树立品牌，建立农村电商平台体系

一是加快推进电商项目。以建设县级农村电子商务综合服务中心、乡镇和村组三级综合服务网络"一中心一网络"为重点，引导不同主体适应现代农村发展新情况、新形势，大力发展"互联网+""文化+""旅游+"等新兴业态，在国内知名电商平台开设网店、网上商城，实现特色农产品线上线下有序流通。鼓励各村自建或联建电商网点，实现村村有电商服务点。

二是树立品牌意识、加强品牌管理。围绕质量有标准、过程有规范、标志有认证、品质有保障，分阶段实施品牌战略，提高特色农产品的知名度和市场竞争力。打响优势品牌，针对目前有品牌缺产品、品牌市场竞争力不强的突出问题，由当地政府牵头，按照优势产业布局，确定若干市场前景好、消费者认可、有竞争力的产品予以重点打造提升，创立"叫得响"的优势品牌，提高产品市场占有率。加强品牌管理，推行公共品牌和企业品牌"双品牌"管理模式，实行统一标志，统一授权、统一管理，服从服务于建设特色产业发展大局。要落实农业经营主体品牌创建奖励政策，激励龙头企业、合作社等创建省、市、区各类商标和知名品牌工作。支持企业用现代传媒手段，加强品牌营销，构建标准体系，开展"三品一标"认证工作。

（五）坚持方向，强化农业科技支撑推动

强化农业科技支撑是实现农村产业高质量发展的关键环节。

一是加强科技服务。按照特色产业发展政策体系，实现农业产业"村有特色，镇有品牌"的基本目标，积极支持面向偏远地区实施实用生产技术培训，在各乡村开展送科技下乡活动及科普活动，聚力各类产业人才，助推乡村振兴。

二是加快推进科技支撑产业力度。实施科技产业技术支撑示范项目，积极争取各层次的产业发展资金，各级财政支农项目资金向偏远农村产业发展倾斜，主动协调各级财政加大科技资金投入力度，力争向县市两级部门筹措科技产业资金。

三是围绕优势特色产业，开展产学研、农科教联合科技服务体系、农业科技成果转化、科技支撑计划，大力争取畜禽、水产、林下、农产品加工等产业技术支撑示范项目。

四是加强与科研院校、挂钩单位联系。借助院校和科研单位的技术优势提高农村产业发展的科技水平，突出新技术、新品种的引进、试验、示范工作，强化农民开发特色产业技术培训工作。推动各大中专院校、科研单位与相关企业进行技术合作，按照专业方向和重点领域分别联系若干个行政村，及时提供技术信息、支持技术开发以及开展农业技术培训。

（六）夯实基础，加强产业资金监督管理

一是成立产业资金使用的专项机构。成立由专门机构、专人负责的发展产业管理小组，切实加强对产业资金分配、立项审批、检查验收、后续管理，严格执行公告公示制度，实现阳光化运作、常态化公开，推进群众民主议事决策机制。

二是精心统筹谋划，建立健全监督检查机制。为确保农村产业发展资金的有效使用，每季度召开例会听取资金检查情况汇报，重点检查产业领域内的资金监管和使用问题，研究解决问题，层层压实责任，确保工作机制落实到位。

三是建立健全相关管理制度。根据各地在纪律审查中暴露出的制度漏洞，要制定乡镇、村党政正职监督办法，健全完善农村集体"三资"管理制度，确保农村产业发展资金、资产和资源管理规范有序、廉洁运行。

第三节　农村养老保障政策

一、农村人口老龄化催生的养老保障制度需求

根据相关研究，可将我国2010—2050年农村人口老龄化发展分为3个阶段。2010—2020年是农村人口老龄化的战略机遇期，这个阶段农村人口老龄化程度相对较低，但呈现出快速发展的态势，是进行政策准备、积累社会财富的窗口期。2021—2034年是老年人口规模的膨胀期，农村人口老龄化速度进入历史最高速时期，也是各种社会问题集中暴发的阶段。2035—2050年，农村人口老龄化达到高位，并回到缓慢发展状态，政策应对呈现常态化状态。人口老龄化将会带来老年人口抚养比的持续上升，分布到上述3个发展阶段，2010年我国农村老年人口抚养比约为22.75%，2025年将超过40%，2050年达到85%左右。农村人口老龄化的发展将带来各种社会问题，并将催生出许多养老保障制度需求。

二、我国农村养老保障制度的法律完善

为切实保障农村居民的养老问题，在法律体系构建方面，应该作出以下努力。

第一，建立健全法律保障体系。农村养老保障制度想要得到良好的发展，必须以健全的法律制度与监管机制为前提，再辅以行政政策手段及时调控，才能使保障落到实处。我国可从法律制度的完善入手，通过专门立法的形式推进农村养老保障制度的完善，尤其是可从国家法律层面对农村养老金来源的筹措、农村养老基金的运作模式、农村养老服务制度、农村养老

保障监管体制等重大问题进行统一部署。在法律落地过程中应进一步明确政府责任，明晰各级人民政府在农村老龄事业建设中的权力范围和责任承担，以确保各级人民政府能够根据农村老年人的需求和社会养老服务行业发展的需要，积极完善公共养老设施建设，提供相应的政策支持，建成真正惠及民生的社会主义农村老龄事业。

第二，建立起严密的监督管理的法律机制。农村地区养老保障监管制度首要建立的便是对养老资金的筹措和使用过程进行严密的监管。养老资金的筹措与使用需要政府部门提前做好预算，对农村居民养老金的发放、养老服务基础设施建设的花费，尤其是近年来讨论越发热烈的对养老基金的商业化运作和管理，这些涉及农村居民养老资金使用的事项都需要建立起严密的监督管理机制，落实法律责任，切实保障养老资金安全。

第三，完善农村基层养老服务制度。针对农村基层养老服务设施不健全和养老服务运行不可持续等问题，应从制度层面寻找该问题的解法。农村的环境、经济基础和特殊民情都与城市有极大的差异，这就决定了农村养老服务建设与城市养老服务建设肯定会存在重大区别，党和国家以及各级人民政府应当重视这些差异，针对性地对农村养老服务制定相应的制度，以确保广大农村居民的老年生活能够得到切实的改善。要推动乡村治理体系和治理能力现代化，形成多元协同、体系化的农村养老制度，例如，重庆市大足区拾万镇长虹村就建立了"政府部门指导+互助组织负责+社工机构引导+社会力量协同"的"四元互动"养老模式，充分调动各方力量打造了一个严密的老年服务机制。此外，要用制度化的手段使传统养老资源产生现代化的转化，扭转农村居民养老观念，更加突出中国特色。传统的家庭养老模式正在崩解，但农村居民的养老观念尚未调整过来，仍停留在"养儿防老""等、靠、要"的落后阶段，对社会化养老服务保持极端不信任的态度。通过农村养老服务制度的建立和推行，提升农村居民参与社会化养老服务的信心，动员农村地区人民激发出社会化养老服务更大的潜力。当引入社会力量共同参与建设农村养老服务事业后，在充分尊重市场化机制对社会养老资源配置起决定性作用的基础上，国务院相关部委及地方人民政府应当对农村养老服务产品质量的国家标准和地方标准、收费标准、从业人员的从业资格标准等方面进行严格的规定，以此规范农村养老服务行业，保护农村老年人的合法权益。

第四，共同富裕下农村多层次养老保障体系构建的法律路径。多层次养老保障体系的构建对于农村地区来说是一项着眼于未来的制度安排，保障农村老年人收入、缩小社会贫富差距是共同富裕进程中非常重要的一环，同时也是我国多层次养老保障体系建设的目标。

第五，完善农村老年人权利救济的法律制度。一方面，在农村老年人享受养老政策的权利方面，理应包括行政救济与司法救济两种救济渠道。农村老年人享受养老政策的权利依托于政府公共服务职能的履行，建立行政申诉、行政复议等行政救济渠道是行之有效的权利救济方式。

此外，农村老年人享受养老政策的权利作为公民基本权利的延伸，妨害老年人享受养老政策权利的侵权行为即具有可诉性，应当为农村老年人维权建立畅通的司法救济渠道。

另一方面，在人身权、财产权等民事权利的司法救济方面，因老年人年事渐高，行为能力减弱，其民事权利常处于易损状态，不仅在人身权利方面遭受虐待，还在财产权利方面遭受侵犯。《中华人民共和国老年人权益保障法》规定了家庭成员应当关注老年人的精神需求，即"精神赡养"条款，对于这些权利，司法救济渠道显得尤为重要。我国要完善农村老年人权利司法救济的法律制度应在以下方面发力。

首先，要构建多样化的纠纷解决机制，为农村老年人权利受损案件提供多样化的纠纷化解方案，包括行政复议制度、调解制度、司法确认制度和诉讼支持制度等。

其次，要建立方便农村老年人诉权实现的辅助制度，农村老年人囿于身体机能的下降、经济能力相对欠缺、文化水平不高等，要通过司法手段救济自己的权利存在一定的现实困难，为保障其诉权，应在立案受理、老年法庭、代理诉讼、间接诉讼、公益诉讼、法律援助、举证制度等多方面发力，为农村老年人权利的司法救济建立一定的便利制度。

最后，要构筑老年人案件回访制度、虐待老年人通报制度等预防老年人权利遭受侵害的法律制度。老年人权利受损案件的发生绝不是"一锤子买卖"，在老年人权利遭受侵害的案件发生后一定要重视个案预防，以免当事人再次遭受侵害。

第七章 农产品流通政策

第一节 农产品流通政策

一、农产品流通体系发展现状及特点

近年来，我国农产品流通体系建设取得明显成效，农产品市场体系基本形成，流通主体和流通渠道日趋多元，基础设施建设不断完善，农产品大流通、大循环的格局已经形成。

（一）农产品市场体系初步形成，流通主体日趋多元

我国流通体系的发展随着经济体制改革而不断演进，是经济改革较早的领域。我国农产品市场体系目前已经形成了由田头市场、批发市场、零售市场、农产品电商、期货市场等组成的多层次的市场体系，形成了全国大市场、大流通的发展格局。多元化的市场主体快速发展。

（二）批发市场仍然是农产品流通的主渠道

近年来，随着信息技术和移动互联网的快速发展和应用，以龙头企业、合作社为主体的产销一体化、以零售超市为主导的农超对接、农批对接、以 B2C 模式为代表的农产品电商等新型流通模式不断涌现。

阿里巴巴、京东、盒马鲜生、美团等大型电商纷纷布局生鲜"O2O"市场，充分利用"互联网+流通"的信息化、数字化优势和连锁经营的品牌优势，打造扁平化的农产品流通新模式。但农产品批发市场仍然处于农产品流通体系的核心和主体地位。

尽管有其他多种流通形式出现，但仍有许多农产品经由批

发市场分销，农产品批发市场仍然是我国鲜活农产品流通的关键环节和主渠道。

（三）批发市场行业集中度持续提升

随着我国城镇化进程和现代物流的快速发展，农产品流通主体组织化水平的不断提高，农产品大规模、跨区域流通成为常态，催生出了一批具备较强集散功能的大型农产品批发市场，行业集中度持续提升。

（四）政策支持体系不断完善，市场发展环境持续优化

中央一号文件多次强调加强农产品流通设施和市场建设，各地各部门出台农产品流通发展规划和支持政策，实施农产品仓储保鲜冷链物流建设等重点工程，社会资本积极进入农产品仓储、物流、营销等各环节，扶持农产品流通发展的政策环境不断优化。

二、构建农产品现代流通体系的政策

农产品流通现代化是我国实现农业现代化的重要方面。构建现代化农产品流通体系必须直面发展中的问题，破解体制机制上的障碍，打通各流通关节的堵点，不断拓展农产品流通体系的多功能性。

（一）优化农产品市场结构和布局

构建现代农产品流通体系，必须立足当前，着眼长远，综合考虑经济社会发展水平、人口分布、交通区位、产业布局、农产品流通基础等因素，统筹规划农产品市场建设。建立覆盖全国农产品重要流通节点，以跨区域批发市场为龙头、区域市场为骨干、零售市场和田头市场为基础，电子商务等新型市场为重要补充，有形和无形结合、线上和线下融合、产地和销地匹配，形成统一开放、竞争有序、布局合理、制度完备、高效畅通、安全规范的中国特色农产品市场体系。

（二）培育壮大农产品流通市场主体

要推动和引导广大农户、农业龙头企业、农产品经销商等主体之间形成"风险共担、利益共享"的利益联结机制。

一是提高农民组织化程度。大力发展农民合作社，重点提高其服务农产品流通功能。

二是提升农产品流通企业竞争力。通过市场机制和政策引导，鼓励农产品批发市场和物流配送企业跨地区兼并重组和投资合作，培育发展带动力强的大型农产品批发市场和农产品物流配送中心。鼓励农产品批发市场横向合作，组建"旗舰"型批发商群。

三是要加大对新兴流通主体支持力度，鼓励农产品流通电商平台、产地直销、生鲜配送等新兴主体与传统批发市场开展深度合作。

（三）强化农产品流通设施的支撑作用

要把农产品流通基础设施的投资纳入公共投资的范畴，加快批发市场设施提档升级。

一是要加大农村流通基础设施建设支持力度，提高对农村道路特别是农产品生产基地的道路建设资金投入，大力扶持农村地区物流配送中心、市场信息网络与电子商务平台、大型农产品流通设施等流通基础设施建设。

二是要推动和支持各类批发市场设施升级，重点扶持电子结算系统、交易与冷藏设施、质量检验检测系统等基础设施建设，推动建设一批集集货、预冷、分级、包装、仓储和配送等功能于一体的产地综合性集配中心。

三是支持新业态流通模式基础设施建设，支持开展"农超对接"的基地到终端的冷链储藏、冷链运输及终端冷链设施项目建设，构建新型零售网络。

四是鼓励和支持新技术在农产品流通领域的融合应用。

鼓励建设电子交易中心或大数据中心，鼓励其采用具备数据存储、传输及交易票据打印功能的电子称量设备，充分利用5G、物联网、大数据等新技术提升传统市场的现代化水平。

（四）创新现代农产品流通模式

充分利用新型信息化技术和移动互联网技术，不断创新农产品流通模式。

大力发展农产品电商、宅配、产地仓等新兴流通业态，探索紧密的利益联结机制，促进农产品流通上下游环节紧密衔接。创新"批发市场+种养""批发市场+直销配送""批发市场+新零售"等新产业。大力发展鲜活农产品直供直销体系，推广"生产基地+中央厨房+餐饮门店""生产基地+加工企业+商超销售"等产销新模式，不断提高鲜活农产品流通效率。

第二节　我国农产品价格调控政策

一、农产品价格调控目标与手段

（一）价格调控目的

农产品全产业链监测预警体系要以产品为主线，围绕生产、流通、消费、加工、贸易等全产业链环节构建，重点关注政策和宏观形势变化及其变化趋势，全面及时监测农产品生产、流通、消费各环节动态数据和信息，分析国内外宏观经济形势变化、农产品市场调控政策变化、产业技术发展及其对农产品市场的影响，准确科学分析国内外农产品供需状况及市场运行走势，提出合理可行的调控和应急保障方案。

（二）价格控制手段

主要分为直接控制和间接影响。

直接控制价格的形成和变化，包括直接设定最高限价或最低限价、价格控制和农产品市场的资本监管；对价格形成和变化的间接影响，包括优良种子补贴、农资综合直接补贴、进口管制和收购管制。发达国家采取的农产品价格干预政策主要有直接制定农产品收购价格、农产品收购价格谈判、建立农产品价格稳定基金、价格直接补贴和收购调节等。农业价格干预是发达国家最常用、最重要、最有效的调控手段。为保障农产品生产和增加农产品出口，不少发达国家都对农产品进行保护价的出口价格补偿。所谓出口价格底价，是指一国政府为了保障某个产品所提出的最低售价。

二、我国农产品价格调控政策

（一）价格支持政策

2021年，国家发展改革委发布《关于"十四五"时期深化价格机制改革行动方案的通知》，提出坚持并完善价格支持政策。坚持稻谷、小麦最低收购价政策框架不动摇，着力增强政策灵活性和弹性，合理调整最低收购价水平，切实保护农民利益和种粮积极性，确保口粮生产稳定，同时充分发挥市场机制作用，促进优质优价。完善棉花目标价格政策，健全风险分担机制，合理调整棉花目标价格水平，继续探索可持续的新型支持政策。进一步加强农产品成本调查工作，为制定价格政策提供支撑。

（二）收入支持政策

收入支持政策是一种间接的价格干预政策，与农民目前的产量和农产品的市场价格无关，而是直接补贴农民的生产过程。

按照补助类型的不同，当前对农户的资金保障措施大致分为直接生产补助、农业改良品种的经济补助以及农业生产技术资料综合补助。

直接生产补助是指在粮食种植过程中，对农户所进行的经济补偿。补贴对象一般为粮食农民，其直接补助资金主要来自中央预算的粮食风险资金。

而对于农业改良品种的经济补助，则直接由地方人民政府补贴给农户。

农业生产技术资料综合补助是指地方人民政府对农户新购置的种子、肥料、农业机械等农用生产资料的财政补贴。

（三）其他价格调控政策

对其他农产品调节价格的措施，主要是对中国农产品价格的缓冲储备措施和中国农产品定价风险的控制措施。而中国农产品储备也是我国农业物价金融化稳定的重要措施，着重关注中国可以储备的重要粮食作物，包括稻米、小麦和棉花等。

第八章　农业科学技术教育政策

第一节　农业技术推广的政策

当前，我国农业正处在不断发展的阶段，从传统农业向现代农业转变的时期，农业现代化的发展离不开先进的科学技术。健全的农业技术推广系统是促使科技成果转变为现实生产力不可或缺的一部分，没有健全的农业技术推广系统，科学技术终究只能是纸上谈兵。

一、我国农业技术推广政策现状

农业技术推广为连接科技成果与现实生产力的主要体现，它的范围不仅涵盖科研单位，还包括农业生产企业、农业合作社等多种性质的经营主体。按照不同经营主体的性质进行划分，将其区分成主体和受体。此外，历年中央一号文件，以及不同时期国务院下发的各种涉农政策法令，还提到了农业技术推广的具体内容，如良种推广政策、农村环境友好型农业技术推广政策、农业工程技术推广政策等。将农业技术推广政策分成3种：针对农业技术推广主体提出的相关政策、针对农业技术推广受体提出的相关政策以及针对农业技术推广内容提出的相关政策。

（一）针对农业技术推广主体提出的相关政策

农业技术推广的主体包括两个方面，即提供农业科学技术的科研机构和推动农业技术扩散的农技服务部门，农业技术推广主体在农业技术的实施与转化起着至关重要的作用。对于技术供给方的政策内容主要包括：扶持龙头企业，加大科研力度；鼓励大学生选择就读农业相关的专业，毕业后投身农业一线工作；对于技术扩散方相关政策内容主要包括：改革农业技术推广体系，健全农业技术推广的社会化服务体系；构建基层农业技术推广的服务机构，并通过财政支持使基层服务机构具备相应的办公条件，如场地、仪器和试验点等。

（二）针对农业技术推广受体提出的相关政策

农民身为农业技术的使用者，与其相关的政策主要有以下两个方面：积极开展对农民的各项培训，以此来提升农民的文化水平，培育新型农民；增加对农民的财政补贴，如良种补贴、农机具购置补贴等。

（三）针对农业技术推广内容提出的相关政策

农业技术推广内容主要包括 4 个方面，分别为优良种子推广政策、农业工程技术推广政策、农村环境友好型农业技术推广政策、抗灾减灾技术推广政策。优良种子推广政策需要国家的支持，建立起相应的农业研发机构以及相应的推广机构进行协调合作，来培育出优质的种子，构建出优良种子繁育体系；增加政府对其的补贴力度，提升补贴标准，逐渐实现农作物全覆盖，例如水稻、小麦、玉米、棉花等，加大对油菜和大豆优良种子补贴范围。农业工程技术推广政策需要支持地方部门进行建立农业技术实验基地，添加农机具，加大对于购置农机具的补贴，增多补贴的种类，逐渐实现农机具补贴全覆盖。环境友好型农业技术推广政策被分为两个方面：一方面是借助示范基地来引导农民使用环境友好型农业技术；另一方面是增加补贴力度，并研发各种农业技术，来提升农业的经济效益。农业抗灾减灾技术推广政策也是体现在示范和增加补贴力度。

二、健全我国农业技术推广政策的相关措施

（一）改革政绩考核标准，树立正确的政绩观

对农业技术政策进行创新关乎农民的真实利益。我国是农业大国，农民的占比很高，农业方面的问题至关重要。创新农业技术政策可以有效地推动农业发展，从农民的根本利益出发，关注社会公平，树立起正确的政绩观，一定要保障农业技术政策的公平性。各级部门要想保证政绩的公平性，必须改革政绩考核标准，在设置经济考核指标时，要强调构建和谐稳定的新发展格局。

（二）打破城乡二元社会结构，实现城乡协调发展

协同促进城乡进行改革，将土地管理规范化，更改户籍制度，构建城乡一体的市场。更改户籍制度快速落实到中小规模的城市，小城镇尤其是县城和中心镇落户条件的政策。健全暂住人口的登记制度，逐步在全国范围内实行居住证制度。要想改革彻底需要取消原先的所有造成二元社会结构的规章制度。彻底改变造成二元社会结构的因素，更加容易实现城乡社会结构的一体化。

（三）加强环境技术政策的公众参与

在进行农业技术推广政策过程中，需要结合群众的力量，增加公众志愿参与的数量，社会团体和个人发挥其各自的价值，相关部门要为农民和利益团体提出支持条件。在农业技术推广政策制定过程中，要保障公众可以真正参与。制定相应的利益激励机制，增加公民和企业的主动性，还要提升农民的文化素质，对于政策进行反馈。国家必须抓好农村教育，培育新型农民。

第二节　农业教育

农业是一个国家发展的基础，是第一产业。随着科学技术

的快速发展，我国农业也有了巨大的进步，相关的农业教育也受到了国家的重视，成为教育工作当中的重点内容。

一、农业教育的战略定位：振兴中国农业

农业教育作为中国特色社会主义教育体系的一个重要组成部分，其任务是为实现农业的社会主义现代化培养高级农业科技人才。在不同的历史时期，农业教育承载着不同的梦想，诠释了爱国爱农、振兴农业的真谛，为我国"三农"事业作出了极为重要的贡献。新时代的农业教育迎来发展新机遇。现代科学技术在农业上广泛应用，农业与第二、第三产业不断深度融合，新产业、新业态不断涌现，2021年我国农业科技进步贡献率达61.5%，农业已从过去主要依靠增加资源要素投入逐步过渡到主要依靠科技进步的新阶段，这意味着我国新时代农业教育进入新的发展阶段。

二、新农科教育的时代使命：服务中国式农业现代化

中国式农业现代化是涵盖农业、农村和农民的全面现代化，即通过农业现代化，实现对农业的工业化武装、技术化生产、科学化管理、产业化经营，使农业成为市场化、集约化和高效益的产业，使农村成为看得见绿水青山、记得住乡愁的现代化家园，使农民成长得更好、生活得更好、工作得更好。

新农科教育就是要服务于中国式农业现代化，这是对传统农业教育的"提档升级"，通过与文科、理科、工科、信息科学等学科融合，尤其是与人工智能、大数据分析、生物技术等交叉融合，促进农业产业体系、生产体系、经营体系转型，走向绿色发展、健康引领、智能装备等多元模式的未来农业。协同提升新农业、新乡村、新农民、新生态的建设，服务中国式农业现代化，是新农科教育的时代使命。新农业是确保国家粮食安全之业，也是绿色融合发展之业，通过重塑新农科教育链、

拓展现代农业产业链和价值链，将进一步推动我国由农业大国向农业强国跨越发展；新乡村是产业兴旺之地，也是生态宜居之地，通过新农科教育，把农林院校的人才、智力和科技资源持续辐射到广阔农村，促进美丽乡村建设；新农民是"三农"的建设者，也是"乡愁"的守护者，通过新农科教育，培育新型职业农民，输送有志于扎根农村和返乡创业的农科人才；新生态是人与自然和谐共生的命运共同体，是中国式农业现代化的生态和绿色基调，通过新农科教育，引导全社会树立和践行"绿水青山就是金山银山"的发展理念。

三、农业教育的战略选择：面向广阔农村

以习近平同志为核心的党中央始终把解决好"三农"问题作为全党工作的重中之重，摆在治国理政的突出位置，提出了乡村振兴战略以及加快推进农业农村现代化的一系列战略部署，为农业教育提供了根本遵循。要扎根中国大地办高质量农业教育，以强农兴农为己任，把论文写在祖国的大地上，将科技带进田间地头，让农业农村成为新一代青年学子大有作为的广阔天地，持续提升服务中国式农业现代化的能力，这是农业教育的重要战略选择。

人力资源是第一资源，实现农业现代化的关键在人才。科技是第一生产力，科技创新是农业现代化和乡村振兴的重要支撑。农业教育要心怀"国之大者"，聚焦农业核心科技特别是"卡脖子"关键核心技术，培育一批接地气且有应用价值的科研成果，实现农业科技自立自强，以科技赋能中国式农业现代化。面向现代农业提质增效的重大需求和重要任务，在智慧农业、种业芯片、现代农业装备等领域重点攻关，牢牢守住粮食安全底线；借力数字经济新引擎，以大数据驱动大智库，加快推动农业数字赋能，促进农业数字化转型。

第三节　深入实施农村创新创业带头人培育

一、农村创新创业产业带头人发展培育的意义

农村创新产业带头人培育是推进现代农业发展、促进农民增收的关键路径。从长远角度来看，我国的生产、贸易正在发生着深刻的变化，培养乡村产业带头人正逢其时。乡村要振兴，乡村产业发展是不可或缺的一环，培育乡村产业带头人同时也是促进开发乡村产业发展动能。乡村产业带头培育行动的进行有利于盘活已有的人力资源，例如在家待业的大中专毕业生，以及吸引农民工、退役士兵等人返乡就业，乡村企业家返乡创办企业，因地制宜结合本地优势，培育新型企业、开拓新兴市场，在一定程度上促进现代化技术与农业的有机融合，畅通城乡人才、技术、资金等要素双向流动，进一步助力乡村全面振兴。

二、落实《关于深入实施农村创新创业带头人培育行动的意见》

针对乡村产业发展难这一问题，农业农村部等九部委联合印发《关于深入实施农村创新创业带头人培育行动的意见》（以下简称《意见》），解读《意见》得知，该项政策从优化乡村创业就业环境、鼓励回乡创业人员、发掘在乡创业能人、相关政策资金支持等方面提出相应问题的破解之道。

（一）加强人才引进力度，助力产业振兴

产业发展的核心在于人力资源的集聚。《意见》中指出针对产业所需的人力资源，首先，是促进政策激励。加大人才引进力度，将乡村产业创新带头人纳入地方政府人才引进政策奖励和住房补贴的范围，按档予以补贴。并大力鼓励专业技术人员带技术下乡，反哺乡村，并且允许其科技成果可以以价值转换的形式入股新型农村企业。其次，尊重引进的人才，同时注重

本地"土专家"的扶持，给予政策补贴，使相应的工作人员拥有合理的收入水平，满足其最重要的物质水平。另外，完善社会保障体系，对扎根乡村的人才为其家人提供基本的社会保障，配偶、父母、子女的需求分别考虑，提供相应的医疗资源、教育资源、切实为其解决后顾之忧。要建立起合理公平的人才评价体系，根据其对乡村所做出的科技成果，带动就业的经济成效，分门别类定期考核，提高待遇。

（二）提升乡村创新创业金融支持服务

在资金方面，加强落实创业一次性补贴政策。《意见》指出对首次创业、正常经营相应年限的农村创新创业带头人，按规定给予一次性创业补贴。通过落实创业担保贷款贴息等政策来提供金融支持，重点扶持农村创新创业带头人。由此看来，为促进产业落地乡村，实现政策倾斜，提升财政优先保障、金融优先服务，积极推动政府性融资担保体系作用，积极为农村产业带头人提供相应的资金担保。盘活现有财政资源，设立返乡创业就业奖励基金，并引导各类产业发展基金、创业投资基金投入农村创新创业带头人创办的项目。在此基础上做到对产业带头人一对一服务，及时审核贷款申请、补贴的落实，工商登记审核做到全面支持，促进乡村产业兴旺。

（三）优化乡村就业创业环境

乡村创业就业没有吸引力，核心因素是整体就业环境的贫瘠。在乡村振兴这一契机下，以政策为保障，优化乡村就业创业环境利于长远发展。乡村作为产业发展的重要空间场域，乡村用地的分配非常重要。利用现有土地资源，开展县域农村闲置宅基地、农业生产与村庄建设复合用地、村庄空闲地等土地综合整治，并将村集体经营性建设用地指标，优先用于产业带头人的创新创业新型企业中。优化产业落地环境固然重要，专业人员包括衣食住行在内生活环境同样需要重视。基本生活措施的完善，饮用水的方便卫生、乡村物流的完善以及网络的普及，医疗资源、教育资源等普惠性资源的提升，保障了留乡人员的生活，同时重视乡风文明建设、文化体育等配套措施的供给，为留下的人才完全解决后顾之忧。

第九章　农业金融、税收与保险政策

第一节　农业金融

一、当前形势下金融科技对农业金融的影响

(一) 金融科技能够改善农业金融中存在的信息不对称问题

在农村信贷市场中，信息不对称是影响农业金融发展的突出问题。借款人与金融机构之间普遍存在信息不对称的问题。如果贷款前的信息无法对称传递，会导致逆向选择而存在贷前风险；如果贷款后的信息不对称，会因道德问题而引发贷后风险。逆向选择是导致农村信贷市场出现劣质信贷需求者将优质信贷需求者不断驱连的重要因素。

同时，道德风险问题也会使农村金融机构的贷款回收遇到较大阻力，最终农业金融的信贷申请、信贷获取与信贷使用活动都会出现越发复杂的问题，农业信贷市场也会因此出现资源配置逐渐错位的现象。

信息发掘及信息传递扩散的机制有效解决信息不对称的问题，进而起到缓解农户信贷配给的作用。

(二) 金融科技能够为农业金融的风险分担提供新的空间

由于农村金融市场在信用体系的非人格化发展中较为匮乏，因此，以农村土地收益权、农机具使用权、土地经营权及住房财产权等抵押物为基础的信贷产品很难得到创新推广。

同时，基于农户的技术能力、社交网络使用能力及道德素

质等人格化的信用风险识别模式，存在严重评级失真和信息失实的问题。并且，由于互助联保、政策性担保及商业担保等贷款担保方式的准入门槛大多较高，在风险分担方面的能力也十分有限，导致农村金融的贷款成本大幅上升。而金融科技能够通过多元化的风险管控方式，为农业金融的风险分担提供新的空间。其中，以区块链技术与大数据技术为基础的金融科技发挥的作用尤其重要。在进行信用贷款的合同签订前，能够通过大数据技术对外部的数据信息进行挖掘，对贷款客户的画像进行精准把控，做到从根源上对风险进行抵制。在进行信用贷款具体流程时，通过大数据技术的贯穿应用，能够降低因工作人员介入而出现成本居高及道德风险问题的概率。

（三）金融科技能够扩大农村金融服务覆盖范围

出于对农村金融机构运营收益与成本考量，农村金融机构通常会将资源投放中心集中于经济较为活跃或人口密度高的区域，这就导致许多农村地区的金融基础设施建设存在无法完善的问题，且农村金融机构服务的覆盖范围也受到了极大的限制。强者不断变强，弱者不断变弱，这种规则也在农业金融的发展中体现出来。因此，这种现状会进一步加重农村金融资源的不断弱化和匮乏。同时，由于农村内部不同需求主体在金融资源的可获得性方面存在较大差异，规模小的农户会受到较深程度的金融排斥，而金融科技能够有效帮助农业金融机构打破时间与空间的限制，促进金融服务对客户触达率的提升，进一步推进农村金融机构服务覆盖面的扩大。

总而言之，金融科技为农村金融服务的全面贯通提供了有效的发展路径。

二、风险防范理论下农业金融服务体系的构建政策

（一）以市场为导向，完善农业金融服务体系

完善、系统化的农业金融服务是抵御各类风险、提升服务

效能的基础，也是实现风险可防可控目标的保障。因此，要围绕农业产业发展的资金需求，鼓励和扶持农业金融市场发展，通过开发流程简便、适配度高的普惠金融产品，更好满足农业产业的金融需求。

一方面，以驱动农业产业创新为导向，发展契合本地区"三农"需求的金融产品。要新增专门涉农金融机构，补充农业金融服务短板。相关部门应立足本地区金融服务实际和农业产业需求，新设专门涉农金融机构，切实保障现代农业的金融需求。要在整体风险有序可控的情况下，通过引入"贷款+基金+保险""证券+债券"等金融方式，开发绿色债券、股权等金融产品，丰富农业产业链金融，推进农业金融服务创新，切实化解农业产业各环节的资金短缺问题。

另一方面，要注重发挥政策资金的引导优势、支农资金的"撬动"优势及财政资金的托底优势，通过采用贷款贴现贴息、财政补贴等手段，以区别对待、重点引导等理念，合理使用政策资金、激励制度来鼓励、扶持相关金融机构积极参与农业金融服务。要注重做好信贷管理与贷后管理的衔接工作，通过对农业金融服务资金进行持续、动态追踪，有效引导和督促相关信贷主体合理、规范使用资金。

（二）以金融科技为动力，重构数字农业金融服务体系

智慧、科学的数字农业金融服务体系将在提高金融信贷管理效能的同时，精准获取贷款人的信息数据，有效监管信贷资金动向，尽可能防控相关风险，为构建规范化、系统化的农村金融借贷市场提供智慧保障。

第一，以金融数字化为指引，重塑农业金融服务风险监管机制、信用风险评价体系。要正视数据挖掘、机器学习等技术在金融领域应用不断成熟的趋势，通过构建科技驱动的数字农业金融服务体系，在优化审批程序、简化放款流程的同时，全方位覆盖农户信息，缓解农户正规信贷约束，合理配置农业金

融资源。

第二，以风控智慧化为支撑，完善农业金融服务风险预警管理。通过构建智慧、科学的金融风控监测系统，完善数字金融服务风控体系，尽可能降低数字金融风险。例如，利用科技手段建设"三农"信贷信息数据库，科学制定农业保险费率及审核机制，为农业资源抵押提供必要的资产评估、经纪代理等服务。

第三，以服务数字化为延伸，创新农业金融服务机制。通过改善传统、分散的金融服务机制，构建线上线下一体的农村数字普惠金融体系，为用户提供优质、多层次的金融服务，满足农业产业的多元化金融需求。

（三）以风险管理为重点，重建保险型农业金融服务体系

农业金融服务是信用关系的产物，要坚持"保险姓保"的基本理念，通过以风险分散为重点，创新农业金融服务风险担保机制，有力保障金融安全。

首先，破解农业担保抵押难题，扩大农业信贷规模。把握市场化、完整覆盖的建设导向，建设农业保险数据共享平台、涉农信用数据库，通过构建科学、完整的风险评估体系，充分了解农业经营主体的信用状况、履约能力，尽可能降低金融风险，切实做好信用风险研判、农业金融产品及服务的市场运行状况等工作，更好发挥农业保险的保障优势。

其次，要完善农业再保险体系，积极发展"保险+"模式。通过发挥农地信托优势，深化农业产业链授信机制，尝试构建由农户、龙头企业、合作社及政府等多主体参与的多层级风险补偿机制，着力化解资金信贷难题。

最后，要对风险隐患突出、经济价值高的农业项目予以"宜保尽保"，通过将风险管理理念完整融入农业产业链，构建"技术与保险"并举的金融服务模式，实现降低风险产生概率与保险赔付比率的理想效果。

第二节　农业现代化税收政策

作为我国社会主义现代化建设的一个重要方面，推动农业现代化发展，必须要有国家的支持，而税收作为国家财政收入的主要来源，是我国对经济进行调控的一种主要手段。因此，在农业现代化进程中，需要政府根据实际情况，不断对农业相关税收优惠政策进行调整，将税收优惠政策更好地运用于农业发展中，解决农业现代化发展过程中的困难，从而促进农业现代化的发展。

一、推动我国农业现代化的意义

（一）保障国家粮食安全的必然要求

粮食是人们生活的根本和基础，关系人类的生存状况和发展条件，是最基本的物质保障来源，在社会的稳定中发挥着举足轻重的作用，也与国家发展有着密切的联系。农业现代化能够持续提升农业生产能力，在生产实践中加深人与自然之间的联系，最大化发挥出农业生产的价值，为促进我国的现代化发展打下坚实的基础，以农业现代化发展保障国家粮食安全。

（二）推动经济高质量发展的必然要求

随着我国经济的快速发展，农业发展面临着新的挑战。目前，我国的农业还存在着投入产出比不高、资源消耗大等问题。当前，农业主要是通过简单要素投入进行生产，科技运用较少，粗放式农业发展制约了经济的高质量发展。因此，要想推动经济的高质量发展，就一定要重视农业发展，将科技运用到农业发展中，以创新来实现农业智能化、现代化，不断提升农业生产的机械化、智能化程度，以此促进农业高质量发展。

（三）实现国家现代化的必然要求

根据农业发展的情况以及推动农业高质量发展的实践经验来看，只有实现农业现代化，才会实现农民富裕、实现农村发展、推动乡村振兴。"十四五"期间，我国已经进入了现代化建设的新阶段，着力改善农业发展现状显得更加重要。加快推进农业现代化进程，推动实现农业现代化发展，加快构建农业强国，成为我国实现社会主义现代化的必然要求。

二、促进我国农业现代化税收政策

（一）加大税收减免力度

由于增值税税负具有转嫁性，税收优惠政策的实际落实有可能没有达到预期目的。

一方面，通过制定具有针对性的税收优惠政策，加大对农业生产者和从事农业生产企业的直接减免力度；进一步将以增值税为主体的流转税制度进行改革完善，降低税率，优化税制，让税收优惠政策的执行变得更为明确方便；增加对农业生产的企业所得税、个人所得税、土地使用税等税种的减免，把对各个税种的优惠结合起来，加大对农业的税收优惠力度。

另一方面，在直接减免税收的基础上，降低在农产品流通过程中付出的成本，可以通过对农户进行税收返还等方式来实现，以调动农业生产者的积极性。

（二）扩大税收优惠的受益范围

首先，制定相应的税收优惠政策加强对农产品深加工行业的扶持，对从事农产品深加工的企业实施低税率，以此来扩大农业税收优惠的享受范围。其次，加强对农业生产要素的科研投入，对投入的科研要素制定相应的税收优惠，进而促进农业智能化发展，推动农业现代化。同时，对从事农业生产、投资等取得的收入，给予个人所得税优惠，调动农业生产者、投资者的积极性。最后，关注以农业旅游为代表的新型生态农业，针对不同地区不同产业，实行定期、全额的税收优惠。

（三）增加税收优惠的形式

当前，直接减免的农业税收优惠形式能在一定程度上减轻农业生产者负担，但形式过于单一，建议采取多样的税收优惠形式。例如，对农业生产者销售农产品实行零税率的政策。增值税零税率是指在销售零税率货物时，规定税率为零，其应纳税额为零，同时虽然应纳税额为零，但是仍具有纳税义务。纳税人销售零税率货物，既有纳税义务，又可以进行税额抵免，其实质是对纳税人应缴纳或者已经缴纳的税款进行退还。免税是国家在政策要求下对纳税人免予纳税。

在这个过程中，纳税人虽然没有纳税义务，但政策规定，实行免税政策的纳税人不能进行进项税额的抵扣，在计算应纳税额时要进行进项转出，也就是纳税人会放弃对税款进行抵扣。另外，可以增加对农业固定资产、农业投资的税收优惠，以此激励农业生产者。增加税收优惠的形式，可以给纳税人带来更多利润，以此提升农业生产者、投资者的积极性，为实现农业现代化奠定基础。

（四）延展税收优惠的环节

当前，对初级农产品的生产、零售等环节实行增值税的优惠政策，是税收优惠作用于农业的政策"扩围"，既减轻农业生产者的负担，又在一定程度上降低了成本。

但仅对农产品的前期环节给予税收优惠，还不足以在很大程度上激励农业发展。所以，加大对农产品后期环节的税收优惠力度，适当增加对农产品后续运输、加工等方面的优惠政策，据实际情况制定激励整个农产品产业链的税收优惠制度，如此更有助于发展规模经济。同时，增加对农业机械生产和研发环节的优惠政策，以提升农业机械化，促进农业发展方式转变，推进实现农业现代化。

（五）优化税收征管服务

首先，优化税收管理程序，减少办理税收优惠的环节，做到简政放权，优化税收服务。可以将税收管理服务与互联网信息技术相结合,提升税收服务效率。但是,应注意加强对信息化税务的指导力度,加强对农民等弱势群体的信息化税务指导。

其次,要加大宣传力度,采用多种方式宣传税收政策。税务机关可以通过对税收宣传网络的完善,将传统税务服务体系与税收信息技术相结合,通过信息技术平台为纳税人讲解税收基本知识。

最后,加大对税务机关工作人员的税务知识培训力度,使他们熟悉各项税费优惠政策,以便于更好地给予纳税人税收辅导。在此基础上,开展农业相关的税收服务专项活动,帮助农业生产者了解相关农业税务知识,从根本上解决农业生产者的纳税困难,调动农业生产者的积极性。

第三节　农业保险

农业保险作为新时期乡村振兴战略体制机制以及政策体系中的重要抓手,是一种具备强农惠农特点的政策工具,可行性价值较强。

一、新时期农业保险发展需求分析

乡村振兴新阶段,实现农业保险高质量发展目标已然成为必然的发展趋势。为确保农业保险高质量发展的目标顺利实现,应坚持将农业保险作为农业风险管理工具以及推进乡村振兴产业发展的重要抓手,结合新时期发展趋势以及乡村振兴战略部署要求,最大化满足农业保险的各种风险保障需求以及外延发展需求。新时期农业保险发展需求主要可以围绕以下几点研究分析。

一是满足现代农业发展风险保障需求。在实现过程中,应结合农业产业发展实况,及时解决当前农业保险保障存在的问题,并结合我国实际国情,逐步扩大部分物化成本保险。同时,在此基础上适当扩大收入保险试点范围,加强对自然风险以及市场风险的应对处理。

二是满足社会消费差异化需求。在实现过程中，政府应做好牵头管理工作，针对地方特色农业优势主导产业的培育问题进行合理部署。目的在于不断促进农民增收、推动区域经济高质量发展，确保我国特色保险产品持续增加，满足农业生产生活需求。

三是满足"三农"发展以及乡村振兴风险保障需求。在实现过程中，应主动结合当前农业农村以及农户生活生产实况，对风险保障存在的薄弱问题进行妥善处理。积极拓展风险保障范围，进一步增强农业保险发展效能，为"三农"发展以及乡村振兴战略落实提供良好的支持保障。

四是满足金融发展需求。在"三农"发展以及乡村振兴的推动作用下，如何科学打造农村普惠金融体系、促进农业保险高质量发展已然成为新时期亟待解决的问题。在具体实现过程中，农业保险应以底层基础架构形式梳理优化农村金融体系流程，并与农村投资以及信贷等进行联动，保障农村普惠金融体系构建完全。

二、农业保险高质量发展政策

（一）健全完善农业保险制度体系

为了更好地适应与满足农业保险发展新需求，政府应针对农业保险顶层设计问题进行统筹规划与合理改进。通过不断完善农业保险制度体系，促进农业保险高质量发展。在具体实现过程中，可以结合新阶段农业保险发展现状以及任务要求，从法律制度层面上对农业保险发展问题进行规范明确。其中，应利用政策制度化、体系化对农业保险各环节以及各主体关系、相关流程进行梳理。

（二）规范市场秩序

持续规范农业保险市场秩序是有效提升农业保险保障水平的重要方式。在规范优化过程中，除了需要恢复农业保险市场准入审批制度外，还应及时补齐当前农业保险承保主体市场准入以及退出机制存在的短板问题。通过不断提高农业保险市场准入门槛，确保全面增强农业保险企业信用能力以及资质能力，减少不规范经营管理行为。

除此之外，在农业保险保障水平提升方面，应紧跟政策导向，使农业保险可以从原本的物化成本保险朝向完全成本保险以及收入险等方向转变。在此基础上，应结合经济社会发展现状以及立足于乡村振兴以及"三农"发展背景，了解新时期农业保险保障需求，并采取针对性策略手段加以满足。

(三) 提高农业保险基础建设水平

新时期农业保险高质量发展需要重点围绕乡村振兴与现代农业发展策略，对当前农业保险存在的风险问题进行重点识别与管理。应高度关注农业保险风险分散问题，在具体防范过程中，始终坚持市场导向以及风险规律特点，对当前农业标准再保险协议定价体系进行合理完善。与此同时，应重点强调多方共赢以及各方协同的发展理念，进一步加强对农业保险风险分散问题的妥善处理。

(四) 实现农业保险与农业金融体系协同发展

大力推进农业保险与农业金融政策要素的协同发展，在很大程度上可以助力我国乡村振兴发展。其中，所谓的农村金融政策要素，主要针对农业担保、农业信贷等而言。在协同发展过程中，应重点针对"保险+担保""保险+信贷"等金融工具进行推广应用。在此基础上，构建多方联合的信贷分担补偿机制，实现农村金融创新发展。在具体实践的过程中，保险行业及银行应发挥出自身的宏观调控优势，主动与农业产业化龙头企业以及农户之间构建良好的合作关系，妥善解决以往农业企业以及农民融资渠道短缺的问题，并进一步扩大农业保险覆盖范围。

第十章　农业畜牧政策

第一节　重点产业发展

一、奶畜产业

政府大力支持奶畜养殖标准化建设，制定严格的养殖标准和规范，包括养殖场的选址、布局、设施设备要求等。对符合标准的养殖场给予财政补贴，用于改善养殖条件，如建设现代化的牛舍、挤奶厅等。同时，鼓励养殖场采用先进的养殖技术，如精准饲喂、智能化管理等，提高养殖效率和牛奶质量。

推动奶业加工企业的升级与整合，加强对加工企业的技术改造支持。鼓励企业引进先进的生产工艺和设备，提高产品的加工精度和质量稳定性。对进行技术升级的企业给予税收优惠和贷款贴息等政策支持，促进企业做大做强。通过整合小型加工企业，优化产业结构，提高产业集中度，增强奶业的市场竞争力。

加强优质奶源基地建设，加大对优质饲草种植的扶持力度。提供种子补贴、种植补贴等，鼓励农民种植优质饲草，如苜蓿、青贮玉米等，为奶畜提供充足的优质饲料。同时，加强奶牛品种改良工作，引进优良种公牛精液，推广人工授精技术，提高奶牛的生产性能和牛奶品质。

二、生猪产业

为稳定生猪生产，保障市场供应，政府实施了一系列扶持政策。如对生猪养殖场的建设给予资金支持，包括圈舍建设补贴、养殖设备购置补贴等。同时，加强生猪生产监测预警，及时发布市场信息，引导养殖户合理安排生产，避免盲目扩产或减产。

积极促进生猪养殖的规模化与现代化，鼓励大型养殖企业通过新建、扩建养殖场扩大养殖规模。对规模化养殖场在土地审批、环保审批等方面开通绿色通道，简化审批程序，加快项目落地。在养殖技术方面，推广自动化喂料、自动清粪、环境控制等现代化养殖技术，降低养殖成本，提高生产效率。

高度重视生猪疫病防控工作，加强动物防疫体系建设。加大对动物防疫机构的投入，提高疫病检测和诊断能力。强制要求养殖场落实防疫主体责任，建立健全防疫制度，加强日常消毒和免疫工作。对因疫病扑杀的生猪给予合理的补偿，降低养殖户的损失。

三、肉牛肉羊产业

1. 扩大肉牛肉羊养殖规模是产业发展的重要方向

政府通过出台养殖补贴政策，鼓励养殖户新建或扩建养殖场。对引进优良品种的养殖户给予补贴，提高品种质量。同时，加强养殖技术培训，提高养殖户的养殖水平，促进产业可持续发展。

2. 提升品种质量，加强良种繁育体系建设至关重要

政府支持建设种公牛站、种羊场等良种繁育基地，加大对种畜培育的科研投入。鼓励企业与科研院校合作，开展品种选育和改良工作。推广人工授精、胚胎移植等先进的繁育技术，提高良种覆盖率。

3. 推动草畜结合，发展生态养殖

鼓励养殖户利用荒山、荒地等资源种植牧草，实行划区轮牧。对建设青贮窖、干草棚等饲草储存设施的养殖户给予补贴。推广"养殖+种植+沼气"等生态循环养殖模式，实现养殖废弃物的资源化利用,减少环境污染。

四、家禽产业

1. 鼓励家禽养殖的标准化和智能化

制定家禽养殖标准化操作规程,引导养殖户按照标准进行生产。对采用智能化养殖设备的养殖场给予奖励,如自动化喂料系统、环境监测系统等,提高养殖的精准度和管理效率。

2. 拓展家禽产品的加工与市场流通

支持家禽加工企业发展,鼓励企业开发多样化的家禽产品,如熟食制品、休闲食品等。加强冷链物流设施建设,保障家禽产品的新鲜度和质量。同时,积极开拓国内外市场,通过举办展销会、电商平台推广等方式,提高家禽产品的知名度和市场占有率。

3. 加强家禽疫病防控,建立健全家禽疫病监测体系

定期对养殖场进行疫病监测和排查,及时发现和处理疫情。强化疫苗接种和生物安全措施,要求养殖场严格执行消毒、隔离等防疫制度,确保家禽养殖健康发展。

第二节 养殖体系建设

一、畜禽良繁体系

1. 合理布局建设高标准的畜禽良种场、核心场和扩繁场

根据不同地区的养殖需求和资源条件,科学规划良种场的建设地点和规模。加强对良种场的基础设施建设投入,确保其具备先进的生产设备和技术条件,能够为市场提供优质的种畜禽。

2. 支持引进优良品种并进行杂交改良

政府通过提供引种补贴、技术指导等方式,鼓励养殖场引进国内外优良的畜禽品种。同时,组织科研力量开展杂交改良

研究，制定适合本地的杂交组合方案，充分发挥杂种优势，提高畜禽的生产性能和适应性。

3. 不断提高良种供应能力

加强种畜禽的生产管理和质量监管，建立严格的种畜禽质量评估和认证体系。对种畜禽场进行定期检查和评估，确保其生产的种畜禽符合质量标准。鼓励种畜禽场扩大生产规模，增加良种供应量，满足市场需求。

二、标准化规模养殖

1. 发挥专家团队作用，培育新品种（系）

组织畜牧专家深入养殖场，开展技术指导和咨询服务。结合本地资源和市场需求，开展畜禽品种选育和改良工作，培育具有自主知识产权的新品种（系）。加强对新品种（系）的推广应用，提高畜牧业的核心竞争力。

2. 大力推广绿色高效的新装备、新技术

加大对养殖新技术、新装备的研发和推广力度，如智能化环境控制设备、精准饲喂系统、废弃物处理设备等。通过举办技术培训、现场观摩等活动，提高养殖户对新技术、新装备的认识和应用能力，促进畜牧业向绿色、高效方向发展。

3. 推动畜牧业与新技术、新业态融合

积极引入互联网、物联网、大数据等信息技术，建设智慧畜牧平台，实现养殖过程的智能化管理和远程监控。发展畜牧电商，拓宽畜禽产品的销售渠道。探索"畜牧+旅游"等新业态，促进一二三产业融合发展。

4. 扶持建设标准化规模养殖场和家庭牧场，带动中小养殖户升级

制定标准化规模养殖场建设规范和家庭牧场认定标准，对符合条件的养殖场和家庭牧场给予政策支持和资金补贴。鼓励

大型养殖场发挥示范带动作用，通过"公司+农户""合作社+农户"等模式，带动中小养殖户提升养殖水平，实现共同发展。

第三节 动物疫病防控

一、防控技术支撑能力建设

1. 加大对动物疫病防控科研的投入

政府设立专项科研基金，鼓励科研院校和企业开展动物疫病防控技术研究。支持研发新型疫苗、诊断试剂和治疗药物，提高疫病防控的科学性和有效性。加强国际合作与交流，引进国外先进的疫病防控技术和经验。

2. 加强动物疫病监测网络建设

建立健全覆盖市、县、乡、村的动物疫病监测体系，完善监测网点布局。配备先进的监测设备和技术人员，提高监测的准确性和及时性。定期开展动物疫病监测和流行病学调查，为疫病防控提供科学依据。

二、强化动物卫生监督

1. 严格动物产地检疫

加强对动物养殖场（户）的监管，落实动物产地检疫申报制度。规范产地检疫程序，严格按照检疫标准和规范进行检疫操作。加强对检疫人员的培训和管理，提高检疫工作的质量和效率。

2. 加强动物屠宰检疫

强化屠宰场的动物卫生监督，严格执行屠宰检疫规程。对进入屠宰场的动物进行查证验物，确保动物来源合法。加强对屠宰过程的同步检疫，对检出的病害动物及产品严格按照规定进行无害化处理，防止病害动物产品流入市场。

三、积极应对突发动物疫情

1. 完善动物疫情应急预案

根据本地实际情况，制定科学合理的动物疫情应急预案，明确各部门的职责和应急处置程序。定期组织应急预案演练，提高应急处置能力。加强应急物资储备，确保在疫情发生时能够及时有效地开展应急处置工作。

2. 建立快速反应机制

一旦发生动物疫情，立即启动应急预案，迅速成立应急处置工作领导小组，组织相关部门和人员开展疫情扑灭工作。实行疫情日报告和零报告制度，及时掌握疫情动态，科学决策，果断处置。

3. 推进动物疫病净化、无疫区和无疫小区建设

鼓励养殖场和养殖区域开展动物疫病净化工作，制定净化方案和技术标准，对达到净化标准的养殖场和区域给予奖励和政策支持。积极推进无疫区和无疫小区建设，加强区域动物疫病防控体系建设，提高区域动物疫病防控水平。

下篇　涉农法律法规篇

第十一章　农业绿色发展法律法规

第一节　种子产业法规

一、完善种子产业政策立法的必要性

完善种子产业政策立法有利于我国当前种子产业和农业产业的发展。近年来，我国城市化进程不断加速的同时，生态环境也以惊人的速度不断在恶化，其中非常显著的变化就是农村的耕地面积遭到破坏，逐步缩减。然而在种子产量不断提升的基础上，我国农业生产量依旧在稳步前进，各种农产品的产量不断提升，极大地促进了农业生产的发展。我国农业用种安全是有保障的，风险也是可控的。当前我国农作物特别是粮食的种子都能够靠我们自己来解决，目前，我国自主选育的品种种植的面积占到95%以上，做到了中国粮用中国种。猪牛羊等畜禽、部分的水产种源立足国内有保障，我国现在畜禽、水产的核心种源自给率分别达到了75%和85%，这些都为我们粮食和重要农副产品的稳产保供提供了关键保障和支撑。对当前种业形势，立足新发展阶段，贯彻新发展理念，构建新发展格局。与国际的先进水平相比较，我国种业发展还有不少的不适应性和短板弱项，迫切需要下功夫来解决。

完善种子产业政策立法有助于保障我国的农业和粮食安全。习近平总书记在2022年中央农村工作会议上曾经强调，保障粮

食和重要农产品稳定安全供给始终是建设农业强国的头等大事。当前和今后一个时期，保障粮食和重要农产品供给安全形势复杂严峻，压力和挑战越来越大，丝毫不能放松。确保国家的农业和粮食安全，必须完善种子产业支持和保护的制度，加强对于种子产业市场的监督，有效预防种子产业市场可能会出现的各种不安全和不稳定因素，最大程度上保障国家的农业安全。

完善种子产业政策立法有助于维护和保障农民的合法权益。在当前种子产业市场中，农民的合法权益经常得不到保障，侵权纠纷频频发生，数不胜数，而且当前农民权益救助机制也不完善。农民在购买种子的过程中，对于种子的产品基本信息、产品特性都具有知情权，对于品种的选择也具有选择权，在权益受到侵犯时，相关执法部门也应维护农民的合法权益，对于侵权主体进行相应惩戒。

二、我国种子产业政策完善

(一) 完善种子知识产权法律保护体系

1. 建议在刑法中引进专门的罪名加强对于植物新品种的保护

当前，我国刑法中尚无专门的针对种子知识产权犯罪的罪名，因而在司法实践中，追究此类犯罪时尚需结合其他罪名和其他法律法规来确定。诸如生产销售伪劣产品罪、假冒注册商标罪、非法经营罪等。

在这种背景下，只能使用较为相似的罪名，难以非常精准判定合适的刑罚，多套法律法规配合使用也会降低司法效率。应制定专门的种子类知识产权侵权的罪名，对于侵权人、侵权行为的刑事处罚应该加大，使侵权行为人的违法成本加大。

我国现行的《中华人民共和国专利法》（以下简称《专利法》）和《专利审查指南》不认可动植物新品种专利权，而是采取对其品种权的保护，但是易出现品种同质化、育种者权益遭受侵害等问题。《专利法》不保护动物和植物本身，是因为动植物包括种子是具有生命力的，随时会生长会发生变化。如果《专利法》对其予以保护，一旦发生变化，原有的权利也将发生变化。因此，目前看来《专利法》对于种子知识产权的保护是比较有限的。《中华人民共和国植物新品种保护条例》（以下简称《植物新品种保护条例》）看似更为适宜，但是内容尚且不算全面和细致。我国虽然具有生命力的种子本身无法作为专利的保护对象，但是其中涉及的种子基因片段、提取制造方法、育种方法等尚可以作为专利的保护对象，《专利法》中可考虑将其进一步细化入法。此外，探索提高《植物新品种保护条例》的法律位阶的可能性，将条例入法，完善配套的行政法规及规章。

2. 加强对种子商业秘密的保护

种子在培育、生产、销售等多个环节都会涉及商业秘密，如育种的方法和流程、育种的材料、品种规模等。我国目前保护商业秘密主要通过《反不正当竞争法》，但是其规制的对象仅是经营者，不涉及其他对象，具有一定局限性。一个人即便不是经营者，同样也可能发生侵犯商业秘密的行为。企业内部应该结合自身的特点，加强监管。最基本的是应该制定本公司商业秘密数据库，进行科学管理；同时还要配有相应的商业秘密管理规章制度，对相关涉密人员进行约束，并且应该体现在入职的劳动合同中。此外，还应该加强员工的保密意识，做好公司内部风险控制，加强风险控制建设，将可能发生的风险和损失降到最低。

3. 提升种子知识产权保护意识和监管力度

政府部门应加强知识产权普法与教育，提高农民的法律意识。造假、售假的种子违法行为之所以屡禁不止，是因为有利可图，农民大批量购买，由此销量可观。因此，应当加强对广大农民的知识产权普法教育，提高防范假冒伪劣产品的意识。引导农民通过正规的渠道购买种子，不可为了贪图便宜就通过无正规手续的商家购买。在购买时应该注意检查种子商品的外包装，是否有防伪标识和品种审定编号。行政执法机关应该严格执法，严厉打击种子侵权和制假、售假的行为。

执法人员要定期培训，对于品种权的授权情况要全面掌握，对于种子市场要定期抽查，检查企业是否通过正规的渠道进货、生产或者经营的过程中是否手续完备。一旦发现假冒和侵权的情况，要秉公执法，若涉嫌刑事犯罪，要及时移送公安机关。

（二）健全市场行业组织，完善农业种子市场管理体制

1. 健全市场行业组织

种子行业协会是种子行业市场主体与政府之间的联系纽带，其组建宗旨是为了规范行业的基本秩序，分享行业信息，促进行业健康持续发展。种子协会作为民间组织，其产生和发展反映了种子行业自我服务、监督、协调和保护的要求。种子协会在行业管理上发挥着举足轻重的作用，政府应该给予更大力度的支持，完善农业种子市场管理体制。

首先，各级政府对于尚处在发展初期的种子行业协会应该给予财政扶持。如可以采取创办初期费用由政府资助，后续再逐渐自力更生。我国目前种子市场体系发展不完善，种子行业协会自我供养能力不足，还有很多种子协会处于发展的初期阶段，自我独立运行能力差，主要经费还有赖于政府财政，政府的资金支持对于种子协会的发展十分重要，是现阶段种子协会发展的重要条件。只有在经费得到保障的前提下，种子协会才可以更好地为种子行业提供有价值的信息、定期开展行业活动、发挥桥梁的纽带作用，更好地为我国种子行业的发展贡献力量。

其次，明确自身的职责，强化服务意识。让种子协会成为一个独立的、自治的民间组织，公平公正地处理组织内部和本

行业事务，能够在行业监管上拥有更多的职权，时刻秉持服务于行业的观念，凭借良好的服务来获得行业和社会的一致认可。政府也可将部分职权交给行业组织，使其发挥社会中间层的积极作用，通过行使公共权力来完善市场监管。

最后，要统一我国种子行业协会的组织构建。目前，我国种业行业协会的组织结构不清晰，除了中国种子协会和中国种子贸易协会这两个国家级的组织以外，各个地方还有地方级别的种子协会，以及企业和农民自发成立的种子协会。种子协会多且杂，应该以中国种子协会为核心，再往下设立分会，进行统一管理。同时，应该改变过去的行业协会的不良状况，建立以种子行业协会为核心的种子质量标准机构、质量检测机构、种子市场信息收集共享机构、种子市场评估机构。

2. 健全种子市场监管主体制度

一是要保障农业农村主管部门的执法地位。因为种子具有商品属性，所以理论上来讲市场监督管理部门也是可以参与种子市场的监管与执法工作的，但是由此产生的后果就是容易形成重复执法的局面。不少单位以创收为目的来征收罚款，争抢执法权，长此以往，导致行政效率低下。因此在法律上应该明确农业农村主管部门是执法主力，而市场监督管理部门仅应该作为辅助，明确分工，保障农业农村行政主管部门的执法地位。

二是需要提高执法人员的素质。我国机关单位工作人员众多，种子产业执法主体专业素质参差不齐，很多都是非专业人员，不具备种子市场监管所需要的农业和种子相关的专业知识以及技能。机关单位内部应该定期对种子执法人员进行专业培训，涉及专业技术知识的系统培训和相关法律法规知识的培训，并且要纳入考核，提高执法人员的专业水平和执法能力。

三是要加大违法成本。我国种子市场目前主要是通过是否审定来评估种子的合法性的，如果是已经拥有合法的品种审定号的品种，就算是后续种子出现了质量问题，由于缺乏追究责任的法律依据，也很难追究种子的质量问题。因此对于承担法律责任主体应该进一步明确，当种子出现质量问题时，企业应当承担责任，不仅是民事责任，情节严重时还要承担相应的刑事责任，通过法律的威慑力来督促种子市场主体合法合规经营。

3. 建立消费者种子市场监管的长效利益机制

一是要减少因为信息不对称而造成消费者的利益损失。种子的消费者以普通农民为主，农民普遍较为缺乏法律意识和维权意识，在种子产业市场中在维权和信息获取方面都处于相对弱势的地位。因此要保障消费者的知情权和公平交易权，对于侵犯消费者合法权益的行为要进行处罚，对于消费者的投诉和举报要及时受理。

二是要建立消费者市场监督的利益驱动机制。消费者是市场经济中的弱势群体，面对侵权现象时，维权路上会遇到重重困难，同时也要考虑自己投入的时间及金钱成本和最后假如维权成功能够获得的收益，尤其是对抗业内知名的大企业时，难度更加突出，所以政府要建立利益驱动机制，通过利益来引导消费者的行为，进而提高消费者监管的动力。要消除信息不对称所产生的不良影响，最重要的就是要提高行业信息的透明度，促进消费者有能力并且主动进行监督，民事诉讼中对于消费者的赔偿应该适度提高，鼓励消费者进行正当维权。

三是要建立消费者市场监督的利益保障机制。无论是法定的对于消费者权利的保护，还是建立相应的利益驱动机制，都具有统一目的，为的是最终在消费者的利益受到损害时，能够保护其利益，建立利益保障机制、企业赔偿和国家救助的最终目的都是让消费者的利益能够得到保障，让消费者能够对市场起到监管的作用。

第二节　肥料登记管理办法

肥料是农业生产中十分重要的必需品，对肥料登记进行合

理管理和严格把控，能够有效保障农作物的产量和质量。随着
《肥料登记管理办法》的颁布，各地区也开始重视肥料管理。肥
料使用量的多少不仅关系农民辛苦劳作的收益，也关乎人们的
饮食安全。因此，应维护肥料产业的健康发展，加强农业肥料
的管理，坚决抵制劣质肥料。

一、加强农业肥料登记管理的意义和重要性

（一）使农作物科学生长，达到高产优质的目的

农业肥料登记管理的目的是保障肥料的质量和安全性，使
农业各部门和农民能够正确使用肥料。通过肥料的登记处理，
可以明确分辨出各种肥料的适用环境和适用范围，肥料在使用
过程中若出现问题能够及时得到解决。如果不实行登记管理，
肥料的使用就较为混乱，且在出现问题后无从查证，不仅会对
农作物生长造成影响，同时还会影响我国农业的发展。因此，
正确的登记管理是将混乱的使用方式条理化，从而保障利益的
最大化，让农作物可以在科学的培育环境下生长，使农作物的
产量随之提高。

加强农业肥料登记管理后，各个企业和生产厂家会更加重
视肥料的配比，并根据不同农作物以及不同生长地区，对肥料
进行合理划分。肥料登记可以明确展示出肥料的使用效果，有
助于使用者将多个肥料进行混合，进而有效促进农作物生长。
此外，农户还可以通过查看肥料登记了解植物的不同阶段所需
要的肥料种类，并了解到肥料中的何种元素适合现阶段的植物
生长，不仅能有效促进农业发展，而且大大节省了人力消耗，
让农业管理更加便捷。

（二）减少肥料对环境的污染

如果肥料配比不科学或是在不清楚使用条件的情况下播撒
肥料，不仅会影响植物的健康生长，还会因为营养元素过多而
改变土壤原本的结构和理化性质，导致土壤质量下降，因此，

肥料的质量至关重要。而加强肥料登记管理后，会大大降低假冒劣质肥料生产的概率，进而减少劣质肥料对植物的损害。与此同时，优质肥料分解出的物质也不会对土壤环境和空气造成污染，更不会使植物易感病或受害虫侵害，因此，加强肥料登记管理也加强了环境保护。

（三）使肥料市场更加规范

在企业生产和配比肥料的过程中，难免会出现一些黑心商家想要从中牟取暴利，使肥料质量大打折扣。而加强肥料登记管理就为每个企业敲响了警钟，使生产商严格把控肥料的质量和安全性，并不断改进配比出更加实用和优质的肥料。加强肥料登记管理，规范肥料生产市场，促使企业不断提高生产管理条件、质量控制能力和产品质量水平，促进肥料产业又好又快发展。

二、农业肥料登记管理工作改进建议

（一）提高管理人员能力，依法对登记材料进行审批

在实施农业肥料登记管理的过程中，管理人员和审批人员应该做到层层严格把关，不能出现越权审批的现象，每个岗位负责人都应该尽职尽责地履行自己工作的义务。相关部门对于负责登记管理的员工应定期开展培训和抽查。在审核过程中一定要做到分级负责，在审批时要严格遵守《行政许可法》和《肥料登记管理办法》，认真细致做好每一个登记审批，从源头保障肥料品质。

（二）加强市场审查，规范市场环境

除了加强农业肥料登记的内部管理外，市场的规范也不容忽视。对于农业肥料的供应商和销售商应进行审核，避免肥料市场出现不合法经营或售卖情况。对于那些夸大其词宣传肥料功效和作用的厂家，应该予以警告，并且要求撤回虚假广告，保障肥料使用的科学性和合理性。相关部门应定期检查肥料市

场，宣传肥料的科学使用方法，提高肥料生产、销售环节的规范性，加强使用者的自我保护意识，确保农民的利益不受侵害，保障了植物健康生长。各部门规范处理条例，建立完善的肥料登记管理机制。

第三节　农产品质量安全法

2022 年 9 月 2 日，十三届全国人大常委会第三十六次会议修订通过了《中华人民共和国农产品质量安全法》（以下简称《农产品质量安全法》）。

这部法律顺利修订出台是"三农"领域的一件大事，各级农业农村部门要认真学习，掌握农产品质量安全法修订的精神实质和主要内容，落实各项法定制度和监管措施，巩固农产品质量安全稳定向好发展态势，为全面推进乡村振兴、加快建设农业强国打牢坚实基础。

一、修订《农产品质量安全法》的重要意义

（一）确保农产品质量安全是事关人民生活、社会稳定的大事

党中央、国务院高度重视农产品质量安全，党的十八大以来，习近平总书记作出"四个最严""产出来""管出来"等重要指示，强调农产品保供，既要保数量，也要保多样、保质量。新修订的《农产品质量安全法》充分体现"四个最严"、产管并举等指示精神，为新时代新征程做好农产品质量安全工作提供了有力法治保障。

（二）新修订的《农产品质量安全法》，践行了以人民为中心的发展思想

增进民生福祉，提高人民生活品质是党的二十大提出的明确要求。农产品质量安全直接关系人民群众身体健康和生命安全，怎么样让老百姓吃得安全放心、对农产品质量安全有信心，

是民生领域也是"三农"工作需要解决的一大重要、紧迫和现实问题。新修订的《农产品质量安全法》，把所有农户、合作社、龙头企业、收储运商贩等都纳入监管视野，坚持重典治乱，依法惩处农产品质量安全违法行为。这些有利于压实农产品生产经营各环节主体责任，强化全链条全过程监管，提高农产品质量安全水平，让广大人民群众有更多获得感、幸福感、安全感。

（三）新修订的《农产品质量安全法》，为乡村产业振兴提供了法治保障

民族要复兴，乡村必振兴。"十四五"时期"三农"工作重心历史性转向全面推进乡村振兴。产业兴旺是乡村振兴的重要基础，实现这一目标，需要筑牢农产品质量安全基石。当前，我国农产品供求关系发生深刻变化，但农产品普通大路货多，优质绿色农产品少，品牌多而不精、杂而不亮，终端产品优质优价的市场机制不充分。新修订的《农产品质量安全法》坚持统筹发展和安全，在紧盯维护公众健康的同时，对推进农业高质量发展也提出要求，其目的是引导农产品既要产得出、产得优，也要卖得出、卖得好，进一步提升农业发展质量和效益，以助推乡村产业兴旺，更好服务乡村振兴大局。

（四）新修订的《农产品质量安全法》，有利于强化基层监管能力

民以食为天、食以安为先。近年来，我国农产品质量安全水平稳步提升，例行监测合格率连续多年稳定在97%以上。但是，农产品质量安全领域仍然存在一些问题和短板，违法使用禁用药物尚未根除，常规农药兽药残留超标时有发生，监管基础较为薄弱。新修订的《农产品质量安全法》，明确了县级以上人民政府的属地责任和农业农村、市场监管的部门责任，将农产品质量安全工作延伸到乡镇和村一级，有利于夯实监管"最初一公里"，为农产品质量安全监管工作重心下移、力量下沉，加强基层监管能力建设提供依据。

二、新修订的《农产品质量安全法》的重点内容

修订后的《农产品质量安全法》共 8 章 81 条，比原法增加了 25 条，进一步完善了农产品质量安全风险管理与标准制定，农产品产地、农产品生产、农产品销售等全程管控措施和监督管理制度机制，加大了对违法行为的处罚力度，有利于提升农产品质量安全治理水平，形成更加科学、严格的监管治理体系。

（一）加强风险防范

新修订的《农产品质量安全法》强化风险防范的理念，对农产品质量安全风险监测制度进行完善，建立全国"一盘棋"式的监测计划；强化风险评估，明确国家农产品质量安全风险评估委员会专家构成；建立健全责任约谈、应急预案管理等工作机制。同时，法律还推进农产品质量安全信用体系建设，畅通投诉举报渠道，鼓励媒体客观、公正进行社会监督。各级农业农村部门要认真掌握法律规定，转变监管思维，调动社会组织、新闻媒体、广大消费者等社会力量参与农产品质量安全的积极性，努力构建高效、协同的农产品质量安全社会共治体系。

（二）抓好产地环境保护

产地环境是安全优质农产品生产的基础条件。新修订的《农产品质量安全法》，对产地环境做了全面的规定，包括建立健全农产品产地监测制度，加强产地安全调查、监测和评价；与土壤污染防治等法律法规衔接，划定特定农产品禁止生产区域；回收并妥善处置农业投入品包装物和废弃物等。各级农业农村部门要认真落实法律规定，会同有关部门进一步强化耕地污染治理，做好投入品废弃物回收，净化产地环境，防止因产地污染而危及农产品质量安全。

（三）加强投入品管理

农业投入品是农产品质量安全的关键因素。修订前的《农产品质量安全法》对农业投入品许可、监督抽查等做了规定。修订后的法律在此基础上进一步完善，要求农兽药经营者加强销售台账管理，记录药品施用范围等内容。各级农业农村部门要按照有关规定，进一步加强农药、兽药等投入品监管，推广投入品科学使用技术，普及安全、环保投入品使用，做好对农产品生产者使用投入品的指导和服务。

（四）规范农产品生产经营行为

新修订的《农产品质量安全法》，针对农产品产销链条长这一特点，在规范产地环境、农产品生产、销售等环节行为的基础上，创新建立承诺达标合格证制度，加强冷链和互联网农产品质量安全监管，对列入追溯目录的农产品实施追溯管理，多措并举加强全过程全链条质量控制。各级农业农村部门要在工作中落实法律新要求，推动实施好各项监管新制度，并与市场监管等部门加强配合，加强农产品上市环节把关，实现产地准出市场准入有效衔接。

（五）发展绿色优质农产品

农业产业发展要走质量兴农之路，必须突出农业绿色化、优质化、特色化、品牌化。

新修订的《农产品质量安全法》，把绿色优质放到更加突出的位置，既守底线、也拉高线，明确规定改善农产品生产条件、加强农业标准化示范建设等内容，通过加强监管和指导，推广绿色生产、全程质量控制等先进适用的技术，实施农产品分等级，打造农产品品牌。各级农业农村部门要以此为契机，以农业生产和农产品两个"三品一标"为抓手，更高层次、更深领域推进农业绿色高质量发展，努力提高绿色优质农产品供给能力。

（六）压实属地责任

新修订的《农产品质量安全法》落实中央有关改革精神，进一步理顺相关部门的职责分工，构建了统一协调的农产品质量安全监管体制。细化并落实地方政府属地责任，并将农产品质量安全监管工作纳入地方政府有关考核。各级农业农村部门要掌握好有关规定，在加强监管执法的同时，推动有关部门落实好监管职责，保证农产品质量安全法有效实施。

第四节　农药管理法规

一、农药登记管理办法

（一）颁布目的

农业种植生产的过程中，为了减少病虫害对农产品的损害，农药的使用是必不可少的。但是由于农药使用不当会严重影响农产品的质量安全，甚至会对生态环境造成一定的破坏，对此需要控制农药使用的频率和使用量，加强对农药的管理。在我国农药管理工作仍旧存在不少问题，大体上有以下几点。

一是农药登记不正规、不全面，只设置了临时登记，而且登记门槛极低，这造成了农药供货商的参差不齐，甚至出现低水平的农药供给，因此，为了提高农药的供给水平，需要依靠法律法规来进行规范约束，促进农药产业转型升级。

二是在农药的生产管理中也存在诸多的问题，如审批复杂重复、监管力度不够等问题，需要重新定义农药的生产管理职责，提升农药生产的监管力度。

三是农药经营主体存在布局分散、经营规模不专业且管理的秩序混乱等问题，为制造销售假农药提供了机会，甚至还出现了贩卖国家禁用的农药，严重影响常规的农药销售市场，对此需要借助法律法规来推动农药的经营管理方式，加强农药经营管理制度的建立。

四是农药在使用的过程中，存在违规使用的现象，往往农民为了获得更好的收益，超范围地使用农药，或者擅自增加农药的使用剂量，因此为了更好地控制农药的使用，加强对农药使用的监督管理，需要用法律法规来进行约束，督促农民合理科学地使用农药。

五是目前我国关于农药管理的法律法规并不全面，缺乏相关的法律责任处罚规定，这容易滋生违法行为的出现，降低了违法成本。为了更好地解决上述所提及的问题，农业农村部将从农药的源头入手，力求解决农药的问题，加强规范对农药的登记管理，提高农药的质量，确保农产品的质量安全，保护生态环境。

（二）主要内容

在《农药登记管理办法》（以下简称《管理方法》）的第三章到第五章中，分别从农药登记的申请与受理、审查与决定、变更与延续等步骤来详细说明了农药登记的整个流程，是对农药生产管理中产生的诸多问题的解决，提升农药生产的监督管理力度，有利于我国农药的安全生产，保障了我国农产品的品质，维护了生态环境的平衡发展。第三章的内容主要是对农药登记的申请与受理的规范。其中不仅规范了农药登记的申请人，而且也规范了登记申请的相关内容和程序。首先农药登记申请人必须是农药生产企业、向中国出口农药的企业或者是新农药研制者。申请人的规范化有助于农药生产规范化，避免出现劣质农药，规避了农药的使用风险。申请人在提交农药申请资料时，应当提供充足、完整的相关资料，其中要求包括关于农药成分的报告、农药的投入使用报告、风险评估报告等相关的农药资料报告。规范了申请提交的资料报告有利于进一步加强对农药成分的了解，提高对农药的风险评估，可以更好地把握农药的使用情况。而且要求农药登记申请的资料要具备完整性、真实性、有效性以及规范性，不得马虎应付，提交虚假的资料。

另外，还对新农药的登记进行了规范，在提交新农药申请的时候，要同时一起提交新农药药剂的登记申请和新农药的原药申请。这一规定对新农药进行了约束，新农药的制作不是随便可以操作的，必须按照相关规定严格执行，这在很大程度上保障了农药的质量，避免出现伪劣假冒农药，给我国农产品的质量安全提供了安全保障。为了节省农药申请人的申请手续，在《管理办法》中也对申请人提交资料时所遇到的几种情形做出了规范。一是不需要农药登记的，即时告知申请者不予受理；二是申请资料存在错误的，允许申请者当场更正；三是申请资料不齐全或者不符合法定形式的，应当当场或者在 5 个工作日内一次告知申请者需要补正的全部内容，逾期不告知的，自收到申请资料之日起即为受理；四是申请资料齐全、符合法定形式，或者申请者按照要求提交全部补正资料的，予以受理。规范提交资料的提交流程主要是为了简化受理手续的办理，避免申请流程出现复杂烦琐的现象，耽误申请人申请农药登记。

第四章是对农药登记审查核实的规范，强调了农药登记流程的规范化，规定农业农村部要成立相关的农药登记评审委员会，对农药登记情况进行严格的审查核实，在保障快速进行审查核实的基础上，避免因个人疏忽出现错误，总之既要提高审核的速度，避免出现拖拉现象，影响申请人的进程，同时也确保审核结果的准确性，保证农药登记的真实性。在《管理办法》中明文规定了省级农业农村部门的初审要在 20 个工作日内完成，并且把初审的意见上报给农业农村部。时间的限制在很大程度上是对审查单位的约束，能提高审查单位的工作效率，而且要求审查单位一旦初审不通过要及时告知申请人，避免耽误申请人。农业农村部在收到初审资料后，需要在 9 个月内完成审查工作，审查的内容包含申请农药的化学成分、药效如何、毒性危害大不大、残留程度、对环境影响等相关的内容。审查的过程要求需要认真仔细，真实客观，审查的内容要涵盖农药涉及的多个方面，因为这是关乎后期农药使用情况的，对农产品的品质和生态环境都会产生极大的影响，所以需要慎重对待，如农业农村部遇到递交的资料不详细或有不明之处，可要求申请人补充完整相关的资料。另外，申请人一旦发现申请有问题或资料提交不齐全，也有权利可以自行撤回登记申请。农业农村部审核通过之后则会印发农药登记证，申请人即可进入农药的生产。由此可见，经过农业农村部的层层审核筛查，农药的生产质量能得到很大的保障，提高了农药使用的安全性。

第五章是对农药登记变更和延续的规范，在《管理办法》中规定农药登记证的使用期限只有 5 年。当持有的农药登记证有效期将至时，需要提前 90 个工作日向相关部门申请续期，一旦超过有效期限而未申请续期的话，需要重新进行申请登记。另外，由于农药的使用会直接影响农产品的质量安全，农药一旦在有效期内发生了以下情况时，则需要向农业农村部提出申请变更，否则会造成违法行为。一是改变农药使用范围、使用方法或者使用剂量的；二是改变农药有效成分以外组成成分的；三是改变产品毒性级别的；四是原药产品有效成分含量发生改变的；五是产品质量标准发生变化的；六是农业农村部规定的其他情形。变更农药登记证持有人的，应当提交相关证明材料，向农业农村部申请换发农药登记证。

这一规定的提出是确保农药不能发生质变，是对农药登记后期的监督管理，统一规范农药的使用，避免出现违规违法的现象，假借农药登记证做出不合理的行为，有利于农药市场的标准化。而且该规定有利于打击无证生产经营的假劣农药产品经营者，可以提升农药的安全质量，提升我国农产品的品质。

在《管理办法》中除了对农药登记的申请、受理、审查、决定、变更与延续等步骤进行详细的规范外，还对农药的风险监测和评价进行了规范。农药在使用的过程中，会对农产品的质量安全产生不可预估的影响，而且在生态环境的保护方面上，也会造成一定的影响，为了能更好地监测和管理登记农药的有效性和安全性，农业农村主管部门需要建立有效且可行的农药安全风险监测制度，定时组织农药监测机构对登记的农药进行抽检，做好监督管理，确保登记农药的安全性。《管理办法》规定的监测内容呈现出多元化的趋势，涵盖面极其广泛，包含农药的使用是否会对农产品的质量安全、林业、农业、人畜安全以及生态环境安全等各个方面产生不良的影响。一旦出现以下提及的情况，则要开展监测，重新对该农药进行评估审核。一是发生多起农作物药害事故的；二是靶标生物抗性大幅升高的；三是农产品农药残留多次超标的；四是出现多起对蜜蜂、鸟、鱼、蚕、虾、蟹等非靶标生物、天敌生物危害事件的；五是对地下水、地表水和土壤等产生不利影响的；六是对农药使用者或者接触人群、畜禽等产生健康危害的。省级农业农村部门应当及时将监测、评价结果报告农业农村部。对登记农药的后期监督管理，能有效地发现农药出现的不良之处，可及时对农药的质量进行修正，避免造成重大的损失。

（三）监督管理

为了能更好地监督管理农药的登记工作，在《管理办法》的第七章详细地规范了农药登记的监督管理工作的内容，力求构建良好的农药登记监管制度，保障农药的质量安全以及规范对农药的使用。其中加大了对违法行为的处罚力度，严格要求农药登记的申请人不得弄虚作假，提供假试验样品和资料，一旦发现不仅将不再受理其申请，而且会将其违法的信息载入农业农村部的诚信档案管理中。申请者作假的行为包含下列提及的情况：一是申请资料的规范性、完整性或者真实性不符合要求；二是申请人不是新农药研制者、向中国出口农药的企业或者是农药生产企业；三是申请人被列入国家有关部门规定的严重失信单位名单并限制其取得行政许可；四是申请登记农药属于国家有关部门明令禁止生产、经营、使用或者农业农村部依法不再新增登记的农药；五是登记试验不符合《农药管理条例》第九条、第十条规定的；六是应当不予受理或批准的其他情形。这一规定加强了对农药的登记申请，从源头把控农药的流向，对农药的使用进行规范。另外，针对农药申请资料的重复提交、提交手续麻烦等问题，农业农村部加强建设农药登记信息平台，借助了信息技术和网络科技，逐步实现网上登记办理申请，将农药登记审核程序信息化，这不仅简化了农药的登记申请手续，提高了办事效率，而且避免了申请人来回奔跑提交资料，节省了申请人的时间。更重要的是《管理办法》除了对农药登记申请人的行为进行规范外，也对负责农药登记的工作人员的行为进行规范，加强对农药登记工作人员的行为约束，避免出现徇私舞弊、滥用职权等相关现象，这更能体现法律法规的合理化和规范化，有利于加强农药的监督管理。

二、农药包装废弃物回收处理管理办法

（一）总体思路

为了更好地促进农业经济的可持续健康发展，注重农药废弃物方面的管理工作。伴随着农业现代化的推进，农药的种类和使用范围不断拓展，大量地使用农药所产生的废弃物，就直接影响了整个农业的生态环境。《农药包装废弃物回收处理管理办法》（以下简称《管理办法》）明确指出，必须加强组织领导，提升责任意识，积极宣传引导，有效强化整治，积极开展农药经营使用的执法检查，构建长效的工作机制，进一步加强农药的废弃物回收管理方式，从而为农业生态环境的安全提供有效保障。为了有效防治农药包装废弃物的污染，保障公众健康，保护生态环境，结合《农药管理条例》《中华人民共和国固体废物污染环境防治法》以及《中华人民共和国土壤污染防治法》等相关的法律法规的要求，制定了《管理方法》。

（二）工作原则

《管理办法》所称农药包装废弃物，是指农药使用后被废弃的与农药直接接触或含有农药残余物的包装物，包括瓶、罐、桶、袋等。在经济发展和全球食品需求量持续增加的影响下，农药成为影响人口增长和农业发展的重要因素，如果将大量农药使用后产生的废弃物随意丢弃和放置，会给生态环境带来严重的破坏性作用，然而很多农民不重视对农药废弃物的处理工作。从现阶段的发展情况分析，国内农业每年对农药的需求量达到 250 吨左右，如果不加强对农药废弃物的处理工作，会对农业生态环境带来严重的危害作用，加强人们对农药废弃物污染问题的重视程度，不仅能够提升农产品的生产产量，还能促进生态环境和社会经济的和谐发展。这需要普及和加强农民对农药废弃物处理工作的重视，培养做好这项工作的紧迫感和责任感。通过加强农民环保意识建设、完善农村废弃物的管理法规、重点建立奖罚机制、用正确的措施处理农药废弃物、优化农药包装企业工艺、控制源头污染、立法和管理机制结合、发展信息技术手段监测病虫害预警系统等手段，建立起"统一回收、集中运输、全程无害化处理"的有效回收处置新模式。

（三）具体措施

1. 加强农民环保意识的建设

农民在使用农药的过程中产生废弃物，农药的不合理使用以及废弃物的随意丢放，都会对农村环境造成巨大的影响。所以相关部门要加强农药安全宣传力度。结合目前的状况分析，农民的环保意识整体不强，对农药废弃物所产生的危害的严重程度认识不够，农民也是其中的受害者之一，因为土壤遭到污染，降低了农产品的产量，并影响其品质，这就直接影响了农民的经济收入和身体健康。所以要增强农民对农药的使用意识，加大力度引导农民科学有效使用农药，同时加大对农药废弃包装物危害的宣传力度，让农民清楚认识到农药废弃物所带来的严重危害性，农民使用农药的废液、用完的塑料袋和玻璃瓶等废物不能随意丢弃，加大对农药废弃物的回收率，这样才能更加有效地提升农产品的产量以及对农村环境的保护，从而有效实现农业的健康可持续发展。

2. 建立健全农药废弃物的管理法规

为了实现农药废弃物的科学管理模式，国内也在加强对农药废弃物处理相关政策的完善。现阶段《农药管理条例》和《农药安全使用准则》等一系列法律法规，未涉及如何规范处理农药废弃物，实施效果也不明显。因此，国家积极开展了对农药废弃物的调查研究，制定出符合国情的管理规章制度，农药的生产者以及使用者，都要严格遵守相关的法律法规，对于有不遵守或者造成环境严重破坏的，要受到相应的惩罚。这些政策的颁布，让农民清楚地认识到农村农药废弃物产生的严重危害性，并通过自己的实际行动有效地保护农村环境，促进农村农业绿色发展。

3. 建立奖罚机制

在进行农药废弃物的处理进程中，要制定相关的监督制度，严格规范相关工作人员的行为，加强和完善政府部门奖励机制，让工作人员能够积极认真地投入农药废弃物的管理工作当中。

与此同时，政府还对农药经营和生产企业采用了经济鼓励的方式，让相关的企业能够积极配合政府部门参与农药废弃物的处理工作中，使环境能够得到有效的保护。

4. 用正确的措施处理农药废弃物

相关部门采取应对措施，积极发挥指引作用，在践行生态环境保护方面，发挥政府的引导作用，将想法转变成具体的行动，从而有效地减少农药废弃物的危害，减少对环境产生的不良影响。加强对农药废弃物的处理和回收管理工作，加强农药废弃物处理池的建立，从而增强农民对农药废弃物收集的意识。除此之外，政府部门应该给予农民相关的补贴，将用完的塑料瓶和玻璃瓶等废弃物进行回收并且上交，采用先进的处理技术，有效避免农药废弃物的二次污染，从而科学保护农村的环境。

国家鼓励和支持农药包装的废弃物资源化使用，除了符合资源化使用的可循环处理外，其他的应该依法依规利用"焚烧、填埋"等方式进行无害化处理。以"风险可控、全程追溯、定点定向"的重要原则，实行资源化的再次利用，相关部门根据当地的具体情况，确定实行资源化的单位企业，并以"公平、公开、公正"的方式向全社会公布。资源化利用的范围要严格控制，不能用来制造儿童玩具、餐饮用品等。资源化利用的单位或者企业，一旦出现倒卖农药包装废弃物的行为，必须依法进行处置。县级以上的农业农村和生态环境的主管部门，地方各级人民政府，必须积极引导资源化利用的企业或者单位，对农药包装废弃物实行回收处理。

5. 农药包装企业优化工艺，控制源头污染

现阶段国内农药包装，多采用小规格的包装，这不利于包装再回收的使用，伴随着土地流转以及规模化种植的发展，采用捆绑式的包装，并实行以物换物的销售模式，增强了农民和供应商之间的黏度，两者达到互利共赢的方式。坚持"谁污染谁治理，谁生产谁负责"的宗旨，从而明确责任主体。农药生产企业要回收农药产品包装的废弃物；农药的使用者务必及时将使用后的农药包装废弃物统一回收，杜绝随意丢弃的行为。在相关政府的支持下，要建立专门农药包装废弃物的回收企业，将回收的农药包装废弃物统一处理，由生态环境部对整个生产环节进行监督。农药的生产企业和销售者进行农药经销商和农药包装废弃物的统计，实行收缴登记制度，从而有效地推动农药废弃物回收的执行力度。

农药包装废弃物处理的费用，应该由相应的经营者和农药生产者进行承担，如果农药生产者或者经营者无法确定的情况下，相关的处理费用需要由所在的县级人民政府财政支出。与此同时，也要积极鼓励地方政府的相关部门，加强在资金方面的投入力度，设置对应的优惠、补贴等相关措施，有利于农药包装废弃物的回收、运输、贮存和处置等一系列资源化利用活动的进行。

6. 立法和管理机制结合

农药包装物的主要材质为玻璃制品和难以降解的塑料，这些都不利于对环境的保护和回收再利用。所以必须要加大对农药环保经费方面的投入力度，鼓励农药生产企业进行易降解、新型和无污染的农药包装技术的研发，淘汰有毒有害物质的超标的包装物料，积极推进农药绿色包装的研发。另外，政府对农药包装废弃物的回收形成立法，制定农药包装征收的"绿点税"，这些将由消费者进行承担。地方监督部门对农药的生产企业、种植者和供销商实行回收工作的考核制度，发放回收的押金或者补贴。结合实际情况，加大农药包装废弃物的有偿回收制度的完善力度，尽快地形成可利用的良性循环体系。

在农村建立农药废弃物的回收点，设定专门的处理机构。

农药包装的废弃物主要集中在田间或者渠沟等地。加强与企业的合作力度，在密集区域建立相关的"回收站"，设立专业的处理机构，除了农药消费企业和供销商外，还要设置第三方的专业处理公司，科学有效地对农药包装废弃物进行处理，将其用于汽车或者建筑等行业，从而实现资源的循环利用。

7. 法律责任

《管理方法》对于农药包装废弃物的管理方法也设定了相关的法律法规，具备县级以上的人民政府农业农村生态环境的主管部门，如果未遵守相关的规定履行职责的，对于直接负责的主管人员或者其他相关的责任人，必须依法进行处分；如果构成犯罪行为的，必须依法追究其刑事责任。农药的生产者、经营者和使用者，如果违反了农药包装废弃物回收处理的义务，必须由农业农村主管部门或地方人民政府，根据《中华人民共和国土壤污染防治法》第八十八条规定进行处罚。在具体的农药包装废弃物实行回收处理的过程中，产生了对环境的污染行为，也要由相关部门根据《中华人民共和国固体废物污染环境防治法》所规定的要求实行严厉的处罚。对于农药包装废弃物或者农药经营者设立的回收点（站），必须按照相关的法律规定设立关于农药包装废弃物回收的台账，一旦发现未按规定设立，由地方人民政府农业农村主管部门责令其改正；如果拒绝不改正或有其他严重情形的，可处 2 000 元以上 20 000 元以下罚款。《管理方法》的有效实施，需要全民齐心协力，才能营造出更加健康的可持续发展的农村环境。

第五节 农业生态环境保护法规

将先进的机械化设备与技术应用到农村生产之中，农业生产效率得到了大幅度提升，但也正是由于现代化技术与设备的引入，才使农民为了追求生产效益而过度使用土地，同时，在粗放化、分散化的农业生产经营模式下，耕地面积减少、水资源浪费、大气污染加剧、农业污染严重、土地肥力下降等问题持续不断，农业生态环境恶化的趋势越发突出。

要从根本上扭转这一局面，就应当将农业生态环境保护纳入法律规制的范畴。现阶段，农业生态环境保护法律制度存在立法层次较低、法律条款原则化明显、可操作性不强、执法力度较弱等问题，无法为农业生态环境保护提供强有力后盾。从某种意义上讲，完善农业生态环境保护法律制度迫在眉睫。

一、农业生态环境面临的主要问题

农业生态环境保护关乎农民的生存与发展，关乎社会的和谐与稳定。一旦农业生态环境遭到破坏，那么农业经济甚至整个社会经济发展都会受到严重影响。现阶段，农业生态环境的确面临着诸多问题，集中体现在以下几点。

第一，耕地污染。耕地资源是农业生产的前提。目前，我国耕地资源在总量上不断减少，在质量上也出现严重下降。

第二，水污染及水资源短缺。水是生命的源泉。在追求农产品高产出、高效益的背景下，无论是农药与化肥的使用总量，还是畜禽养殖污水的排放量，抑或是农业生产活动产生的污水，都有很大幅度的增加，客观上加重了水系统的负担。农村畜禽养殖业或者农业生产活动中产生的污水常常不经过技术处理便直接排入河流中，使河水变质。农民使用的农药、化肥，同样会污染附近的地表水、地下水。另外，农民缺乏水资源保护意识，不懂得节约用水，造成部分地区水资源严重短缺，这实际上也是生态环境受到破坏的一种表现。

第三，大气污染。焚烧农作物秸秆容易引发火灾，危害公共安全，同时，还会降低空气质量，形成雾霾天气，威胁人体健康。发展畜禽养殖业时，畜禽粪便的刺鼻气味严重地污染当地的空气，特别是夏天，这种情况更加严重。另外，乡镇企业产生的工业废气以及农民私家车排放的汽车尾气，同样是造成大气污染的根源。

二、农业生态环境保护的法律保护

在人类追求社会经济发展的过程中，农业生态环境不可避免地遭到破坏，如果持续恶化，势必会带来不可估量的后果。为遏制农业生态环境持续恶化，必须在弄清楚问题根源的基础上制定有效措施。

（一）确立环境公平和可持续发展的立法理念

立法理念是构建法律制度的基础。要完善农业生态环境保护制度，首要的前提就是树立环境公平的立法理念。第一，在立法目的方面，体现农业生态环境保护和城市环境保护的平等性，如平等享受资源、负担污染后果；第二，在立法原则方面，妥善处理受益城市与受损农村之间的利益关系，增加"谁受益谁补偿"原则；第三，权利与义务设置方面，既要确保农村与城市平等享有资源利用的权利，还要规定二者平等履行环境治理的义务以及承担环境污染的后果。另外，除了要确立环境公平理念外，在完善农业生态环境保护立法之前，还要彻底摒弃过去"先污染后治理"的错误思想，树立"可持续发展"的立法理念，妥善处理农业生态环境保护与农村经济发展之间的关系，实现二者的协调发展。

（二）完善农业生态环境保护立法

保护农业生态环境，促进社会可持续发展，完善相关立法是关键。对此，建议从以下几点做起：第一，鉴于农业生态环境受到严重破坏的客观现实，必须尽快制定并出台专门的法律，如《农业生态环境保护法》，其中规定农业生态环境保护的基本原则、基本内容、执法与监督主体、法律责任等。另外，针对水污染、大气污染、土壤污染、面源污染、畜禽养殖污染等问题，建议在农业生态环境保护法设置独立的章节，并分别进行详细规定。第二，除了在宏观上制定专门的法律外，还要通过行政法规、行政规章和地方立法细化农村环境保护基本法的规定，针对各种污染防治的具体问题进行分析，制定出相应的防治办法。针对土壤污染问题，积极采取措施进行防治，加强对土壤结构的监督与把控，尽快弥补对环境监测、化学物质污染等方法的立法空白，同时，在土地沙漠化、大气污染等方面也要合理化规定环境技术规范，推进并健全一套完备的环境标准制度与体系。第三，修改农业生态环境保护相关法律法规中不合理的地方。以《中华人民共和国水污染防治法》为例，该法重在介绍水污染防治措施，对违反行为进行了处罚，但是并未对污水处理费用额度进行明确。因此，建议在该法中增添与农业生态环境保护相关的法律条款，并对污水处理费用的具体额度进行界定。

（三）健全农业生态补偿制度与信息公开制度

第一，健全农业生态补偿制度。生态补偿的内容主要是对生态环境功能的补偿和对被污染环境的补偿。针对保护环境的良好行为，要给予补贴；针对损害环境的行为，必须予以处罚。一套完整的农业生态补偿制度包括补偿原则、补偿主体、补偿对象、补偿标准、补偿程序、补偿方式、补偿条件、补偿监督以及评估机制等多方面内容，建议通过法律形式将这些内容进行明确。具体到操作层面，政府要预先设立生态农业补偿基金，凡是符合一定标准和条件的申请者，才能够获得相应额度的生态补贴。通常情况下，凡是能够获得生态补贴的主体往往是在农业生产活动过程中能够重视生态环境保护，且在行为上并未出现破坏或者污染生态环境的方式的那部分农户。例如，农产品种植不施化肥或者农药、废弃物能够实现合理回收；不焚烧农作物秸秆；农用地膜等废弃物实现资源化利用。必须承认的是，农业生态补偿所需要的资金额度巨大，单纯依靠政府的财政补贴远远不够，建议各级政府发挥职能作用，创新融资渠道，尤其要充分利用社会力量，发挥社会团体的作用，重视民间资本，当然在这一过程中，要加强对资金使用状况的监督，确保农业生态补偿资金真正地用于农业生态环境保护工作。

第二，完善环境信息公开制度。为了保障农民对生态环境的知情权，应该建立并健全环境信息公开制度，通过立法形式让农民了解自己享有对农业生态环境信息的知情权。建议将信息公开的权利主体确定为国家环保部门，所能够公开的信息内容主要包括生态环境造成、环境污染根源、环境污染治理状况、环境污染所带来的影响、相关责任人所承担的责任等，通过信息公开来告诫他人保护农业生态环境是每个人的义务，但凡出现损害农业环境的行为，都必须依法承担责任。为了达到环境信息公开效果，必须确保公开的信息是真实可靠的，且能够便于农民进行查阅。同时，环境信息公开的途径应当是多种多样的，这样才能在日常生活中潜移默化地影响人们的思想观念，从而增强其环境保护意识。

第三，环境听证会的作用也不可忽视，通过这一方式，能够有效降低或者避免某些行政决策对其他地区环境利益造成的损失，如果损失不可避免，有必要进行合理补偿。

（四）加强农业生态环境保护执法与监管力度

法律的生命力必须通过有效地执行才能得以体现。如果执行不力，那么法律就无法起到严格的规制作用。在完善农业生态环境保护法律制度的前提下，应当加强执法制度建设，明确执法主体及其职责，并做好行政执法监督管理工作。

第一，明确专门的环保执法主体，改变执法管理体制，形成自上而下的垂直领导。农业生态环境资源属于公共资源，在执法管理过程中，如果存在多个执法主体，势必会分散权力，造成执法混乱。因此，要规避这些问题，就必须设置专门的执法主体，将从前过于分散的环境执法权统一集中到单一执法主体，建议由环境保护部门全权负责农业生态环境保护的执法工作，管理模式采用垂直领导制，赋予其充分的权力，以彰显其执法权威。

第二，为规范环保执法行为，必须做好农业生态环境保护的执法监督工作。从内部监督角度入手，要成立执法监督小组，负责对执法人员的日常工作进行监督；从外部监督层面考虑，应该积极发挥社会团体、新闻媒体以及社会大众的作用，赋予其相应的执法监督权利。

第三，强化执法队伍素质。定期对环保执法人员开展业务培训，加强理论学习与实践指导，培训内容包括但也不局限于农业生态环境污染的客观规律、基本特征及相关法律制度，一些破坏生态环境的典型案例也可以作为培训素材，通过培训来提升执法人员的专业素质，规范执法行为，增强执法效果。

第六节 农业法

制定《中华人民共和国农业法》，为了巩固和加强农业在国民经济中的基础地位，深化农村改革，发展农业生产力，推进农业现代化，维护农民和农业生产经营组织的合法权益，增加农民收入，提高农民科学文化素质，促进农业和农村经济的持续、稳定、健康发展，实现全面建设小康社会的目标。

一、《中华人民共和国农业法》的基本原则

（一）遵守依法治农的基本原则

制定《中华人民共和国农业法》（以下简称《农业法》）是为了遵守依法治农的基本原则。在进行农业生产或者农民进行农业相关活动时，都要遵守农业基本法及宪法的规定，做到有法可依。

政府机关、农业相关机构、社会团体和个人都必须严格按照法律执行，违反法律必定追究责任。我国国情的基本要求是依法治国，而农业法的根本制度原则也体现了这一点。依法治农是建设社会主义市场经济法治的基本要求，对解决"三农"问题有着重要的意义，是实现《农业法》的基本目标之一。

（二）保障"三农"权利的原则

制定《农业法》保障了农民、农村、农业的基本权益。农业法的重点原则就是"保护农业"原则，或者保护"三农"原则。这个原则主要是指在立法和执法的过程中，要依据农业法的相关法律法规来保障农业、农村以及农民的根本权益。

农村处于社会较薄弱的地位，农民是弱势群体。

在对待"三农"的问题上，国家要放宽相应政策，把资金发放到位，以此保障农村和农业经济发展《农业法》的公正价值观正是从支持及保护农村、农业、农民的利益上体现出来的。这是《农业法》最基本的原则之一，是农民依法维权的重要法

律依据。

（三）农村社会、农业生态和经济协调发展的原则

在《农业法》中，重点强调了农村社会、农业生态和经济协调发展的原则。农业经济要发展，但不能破坏生态环境。农业经济发展与农业生态环境两者要相互协调。在维持生态环境的前提下，发展农业经济，把农村自身建设和农业经济发展相互结合起来。在农村农业经济的发展中，不能只是单一发展某一个方向，而是要全面可持续发展，以此来实现农村生态、社会及经济的协调发展。

（四）遵循以政府调节为辅、市场导向为主的原则

《农业法》遵循以政府调节为辅、市场导向为主的原则。在发展农业经济建设的过程中，农业法要根据市场经济规律来制定。在我国，市场经济起到主导作用。要按照市场经济规律，对政府职能部门进行授权。政府进行局部调节，引导农村发展方向，适当地管理和规范农业经济发展趋势，从政策上支持农村建设。农业法的手段和方法正是从这里体现出来的。

（五）科教兴农原则

《农业法》第七章明确规定了科教兴农的战略方针。国家大力支持科学技术的研究发展，并把研究成果应用到农业生产实际操作中，推广并发展农业科学技术，强化农业教育，实现农业经济的可持续发展。

从本质上来说，科学技术是第一生产力，要用科学技术来发展农业经济。国家要重点培育科技人才，把教育作为主要任务，把农业教育和科技放在农业经济发展的重要位置。加强科学技术在农业生产上的应用，让科学技术逐步转化为农业生产结果，为实现农业经济快速发展打好坚实的基础，为实现"三农"现代化服务。

二、《农业法》的具体章节内容

《农业法》整部法律由 13 章、99 个法条构成。除了第一章总则和第十三章附则之外，整部法律分别从农业生产经营体制、农业生产、农产品流通与加工、粮食安全、农业投入与支持保护、农业科技与农业教育、农业资源与农业环境保护、农民权益保护、农村经济发展、执法监督和法律责任等方面进行严格规范。

第一章第三条指出，国家把农业放在发展国民经济的首位。在国民经济发展中，农业发展占据了首要位置。我国人口众多，农业发展是保障人民生活水平的根本。国家为了保障农业更好的发挥作用，采取一系列的保护措施保障农业和农村的经济发展。

第五条指出国家把发展农村经济作为当前的基本任务。一直以来我国以公有制为主体、实行家庭承包经营制度，坚持以多样化的所有制经济共同发展。在分配制度上，则是以按劳分配为主，多种分配方式制度并存。国家将农业经济发展当作首要任务，农业在很大程度上受到了国家政策的保护。

保障"三农"权利的原则体现在第二章。国家实行农村土地承包经营制度。在家庭承包经营制度中，国家鼓励农民以自愿形式组成各种不同的专业合作经济组织，这在第十一条中有明确的说明。

在《农业法》第七章农业科技与农业教育中，强调了科学技术在农业生产应用上的重要性，规定政府要制定规划并发展农业教育及科技事业。要增加农业科学技术的研究经费及农业教育事业的经费，增加农业科学技术投入，鼓励农民进行农业科学技术的教育培训。国家要引进国外先进的科学技术，推广农业技术，让农业生产朝向机械化、高效化的方向发展。

第四十九条中，强调了农作物新品种的保护措施。国家鼓励并引导农业科学技术的研究，调动农民积极性，大力普及科学技术在农业上的应用，加快科学技术的研究成果的转化，以此促进农业经济快速发展。

第五十条规定，国家扶持农业技术推广事业，建立政府扶持和市场引导相结合，有偿与无偿服务相结合，国家农业技术推广机构和社会力量相结合的农业技术推广体系，促使先进的农业技术尽快应用于农业生产。

第九章也有对农民权益保护的相关规定。例如第六十七条中明确规定任何单位或机关不能私自向农民或其农业生产经营收费，如确有收费事项，则必须对收费的标准、项目及范围进行公布。由此可见，国家从很大程度上放宽了农业生产方式，农民拥有更多的自主权。只要不违法，农民可以合理开发土地，利用现有的集体资源，壮大农村经济实力。

在《农业法》中，国家还加入了对西部开发的规定，增加对西部地区开发的资金和人力的投入。扶持贫困地区的发展，保障西部农民收入水平，以此提升西部农民的生活条件。这一点也体现了国家正在逐步地缩小城市与农村间的贫富差距，从而达成共同富裕的根本目标。

农村社会和农业生态、经济协调发展的原则在第八章中有着明确解释。在以往旧的农村农业发展模式中，农民有时为了发展经济而忽略了生态环境，过度地开垦土地，土地资源没有得到合理的利用。针对这方面的不足，《农业法》从农业资源和农业环境保护的层次出发，阐述了农业生态环境的重要性，规范了农村社会和农业生态、经济协调发展的相关内容。例如，第五十七条明确规定，农业经济发展要合理开发利用自然资源，合理开发和利用可再生能源及清洁能源。第五十八条要求政府要对农用地的耕地质量定期监测。第六十条国家实行全民义务植树制度。从某种程度上来讲，这些法律法规对生态环境进行了保护。农村农业经济发展要与生态环境相协调，进行全面可持续发展。

在农业经济发展中，我国一直以来遵循政府调节为辅、市场导向为主的原则。这个基本原则也体现在了《农业法》中，是《农业法》的方法和手段。在我国农村和农业经济建设发展过程中，农村和农业经济的建设依赖市场经济规律来调节。市场经济对农村和农业经济的发展有着主导作用。对于政府来说，要按照市场经济规律对农村农业进行引导调节，适当管理、规范农业经济发展方向，既不能对农村农业经济视而不见，又不管过分地插手农村农业经济的发展。《农业法》对此问题提出了相应的解决方法。

第七十九条明确提出，国家坚持城乡协调发展方针，大力鼓励并支持农村的第二、第三产业发展，对农村经济的结构作出适当合理的调整并对其进行优化，以提高农民经济收入和生活水平，逐渐缩小城市和农村的贫富差距。

第八十三条中，国家为了保障农村贫困或丧失劳动力农民的基本生活，逐步完善农村社会救济制度。在农民健康医疗方面，国家提出了相应的保护措施，详细规则在第八十四条中可以体现出来。

三、《农业法》的意义

（一）明确农民的主体地位，全面支持农业发展

《农业法》更符合目前我国农村农业发展的基本情况，更加明确了农民在我国的主体地位。第一章和第三章明确规定了农村、农业、农民的地位。发展农业占据了国家发展国民经济的首要位置，要确保农村及农业经济发展的基本目标。

有《农业法》作为强大的后盾，有法可依、有法可循。

农业基础建设得到保障，促进了农村农业的发展力，提升了农民的经济收入，使农民生活得到了保障，实现了农业现代化发展，引领农民共同走向共同富裕的道路。

（二）维护了农业的生态环境的发展，科教兴农

制定《农业法》，从某种程度上维护了农业生态环境，有助于以科技来发展农业。农村经济发展已不再是传统的耕作模式，而是用机械化、专业化的模式来发展。

第七章法规明确指出了国家鼓励、吸引高科技企业等社会力量对农业科学技术进行投入。国家保护农作物新品种培植，扶持农业技术推广，促进农业科学技术进步，培育科学技术人才。这不仅增强了农民创造力，增加了农作物产量，促进了农村经济发展，还提升了农民的生活水平。

第十二章　农村经济组织管理法律法规

第一节　农村集体经济组织管理法律法规

随着农村集体产权制度改革的基本完成，新型农村集体经济组织已经在全国范围内普遍建立，而且这些农村集体经济组织基本都取得了特别法人资格。2024 年 6 月 28 日，《中华人民共和国农村集体经济组织法》(以下简称《农村集体经济组织法》)已经第十四届全国人民代表大会常务委员会第十次会议通过，这标志着农村集体经济组织法的制定工作走上了快车道。

一、体现四方面重要意义

制定《农村集体经济组织法》，有利于以立法的方式促进宪法实施，巩固农村集体产权制度改革的成果，促进新型农村集体经济高质量发展，对于巩固完善社会主义基本经济制度和农村基本经营制度，对于维护好广大农民群众根本利益、实现共同富裕等具有重要意义。此次《农村集体经济组织法》具有四方面重要意义。

一是制定《农村集体经济组织法》有利于巩固社会主义公有制、巩固和完善社会主义基本经济制度和完善农村基本经营制度。农村集体经济组织依照宪法的规定，实行家庭承包经营为基础、统分结合的双层经营体制，是维护农村土地集体所有、落实农村基本经营制度的重要组织保障。制定《农村集体经济组织法》，在坚持家庭承包经营基础性地位、调动广大农民积极性的同时，强调要充分发挥好农村集体经济组织的功能作用，为进一步巩固农村土地集体所有制、巩固和完善农村基本经营制度提供法治保障。

二是制定《农村集体经济组织法》有利于维护广大农民群众根本利益、实现共同富裕。实现好、维护好、发展好广大农民群众的根本利益是"三农"工作的出发点和落脚点。打赢脱贫攻坚战，农村集体经济组织在基层党组织领导下发挥了重要作用。在新时代实现共同富裕，最艰巨的任务是如何更快地提高广大农民的富裕程度，这同样离不开农村集体经济组织。制定《农村集体经济组织法》，明晰农村集体经济组织成员的权利义务和成员确认规则，规范农村集体财产的经营管理和收益分配制度，依法保护农民的土地承包经营权、宅基地使用权、集体收益分配权等财产权益，有利于推动构建归属清晰、权能完整、流转顺畅、保护严格的农村集体产权制度，形成既体现集体组织优越性又调动农民个体积极性的农村集体经济运行新机制，有利于让广大农民分享改革发展成果，促进农民共同富裕。

三是制定《农村集体经济组织法》有利于为健全农村治理体系、巩固党在农村的执政基础提供支撑和保障。农村集体经济组织是参与乡村治理的重要主体。随着城镇化推进和集体经济发展壮大，农民对公共服务和公益事业的需求会不断增加，在当前公共财政还难以全面覆盖农村的情况下，农村集体经济是支持农村公共事务和公益事业发展的有益补充。通过立法，促进新型农村集体经济发展，为农村社会事业发展提供支持。同时，从法律制度上规范农村集体经济组织运行管理，健全其法人治理结构，确保农村集体经济组织成员的知情权、参与权、表达权、监督权，有利于防止集体经济组织内部被少数人控制和外部资本侵占的现象，有利于妥善处理各种利益关系和社会矛盾，为推进城乡协调发展，健全乡村治理体系，巩固党在农村的执政基础提供重要支撑和保障。

四是制定《农村集体经济组织法》对宪法实施具有重要意义。我国宪法规定，农村集体经济组织实行以家庭承包经营为基础、统分结合的双层经营体制；集体经济组织在遵守有关法律的前提下，有独立进行经济活动的自主权；集体经济组织实行民主管理，依照法律规定选举和罢免管理人员，决定经营管理的重大问题；国家保护城乡集体经济组织的合法的权利和利益，鼓励、指导和帮助集体经济的发展。《中华人民共和国民法典》明确农村集体经济组织是特别法人。《农村集体经济组织法》贯彻宪法关于农村集体经济组织的规定、原则和精神，突出体现农村集体经济组织作为我国社会主义基本经济制度重要主体的属性特征，合理规范农村集体经济组织的运行管理，促进宪法实施。同时，《农村集体经济组织法》也具体落实了民法典关于农村集体经济组织是特别法人的规定，有利于民法典的贯彻落实。

二、包含七大主要内容

《农村集体经济组织法》共八章，依次为总则、成员、组织登记、组织机构、财产经营管理和收益分配、扶持措施、争议的解决和法律责任、附则，共 67 条。主要内容如下。

一是明确了农村集体经济组织的法律地位、组织原则、职能职责、特别法人地位、监管部门等。

二是吸收农村集体产权制度改革成果，参考司法实践和地方立法，明确了农村集体经济组织成员的定义、确认、退出及丧失规则，同时规定了农村集体经济组织成员的权利义务。

三是规定了农村集体经济组织的登记、合并、分立等事项。

四是规范了农村集体经济组织的组织机构。明确了农村集体经济组织成员大会、成员代表大会和理事会、监事会的组成、职权、议事规则和决策程序等，从法律制度上健全农村集体经济组织内部治理机制，保障农村集体经济组织运行顺畅，实现民主管理、民主决策。

五是规定了农村集体经济组织的财产经营管理和收益分配制度。明确了集体财产的主要范围，根据相关法律规定和农村集体产权制度改革实践经验，确定了对集体资源性财产、经营性财产、非经营性财产分别依法进行管理的原则，确定了集体收益分配的原则和顺序，明确集体经营性财产的收益权可以量化到成员，作为参与集体收益分配的基本依据，还对农村集体经济组织发展新型农村集体经济的途径，建立财务会计、财务公开、财务报告制度及审计监督等作了规定。

六是规定了扶持措施。从财政、税收、金融、土地、人才支持等方面，对扶持农村集体经济组织的政策措施作了原则规定。

七是明确了争议解决机制和法律责任。规定了农村集体经济组织内部争议的解决途径，明确了成员撤销诉讼制度，建立了成员代位诉讼制度，规定了相关违法行为的法律责任。

三、三大亮点

（一）规范成员确认等成员身份权益保护问题

农村集体经济组织的成员确认等成员身份权益保护问题是《农村集体经济组织法》立法过程中的重点问题，受到广泛关注。经认真研究，反复修改完善，《农村集体经济组织法》从多个方面对上述问题作了系统性规定，以保障农村集体经济组织成员身份方面的合法权益。

一是明确了成员定义和成员确认规则。该法对成员定义作出科学、合理的界定，并明确农村集体经济组织依据成员定义的规定确认农村集体经济组织成员，避免因较为宽泛、弹性的规定可能导致成员确认的条件不够清楚明晰；明确因成员生育而增加的人员，农村集体经济组织应当确认为农村集体经济组织成员，因成员结婚、收养或者因政策性移民而增加的人员，农村集体经济组织一般应当确认为农村集体经济组织成员；明确规定，确认农村集体经济组织成员不得违反本法和其他法律法规的规定；授权省、自治区、直辖市人民代表大会及其常务委员会可以根据《农村集体经济组织法》，结合本行政区域实际情况，对农村集体经济组织的成员确认作出具体规定。

二是完善了对成员确认的监督和救济措施。突出加强农村基层党组织的领导。明确成员的确认等需由成员大会审议决定的重要事项，应当先经乡镇党委、街道党工委或者村党组织研究讨论。加强政府监管。规定农村集体经济组织成员名册和农村集体经济组织章程应当报乡镇人民政府、街道办事处和县级人民政府农业农村主管部门备案。农村集体经济组织章程或者农村集体经济组织成员大会、成员代表大会所作的决定违反本法或者其他法律法规规定的，由乡镇人民政府、街道办事处或者县级人民政府农业农村主管部门责令限期改正。同时还明确地方人民政府及其有关部门未依法履行相应监管职责的，由上级人民政府责令限期改正；情节严重的，依法追究相关责任人员的法律责任。规定完善的权利救济途径。明确对确认农村集体经济组织成员身份有异议的，当事人可以请求乡镇人民政府、街道办事处或者县级人民政府农业农村主管部门调解解决；不愿调解或者调解不成的，可以向农村土地承包仲裁机构申请仲裁，也可以直接向人民法院提起诉讼。

三是明确施行前农村集体经济组织开展农村集体产权制度改革时已经被确认的成员，施行后不需要重新确认，以利于此前未被依法确认为成员的当事人依据本法进行维权。

（二）对妇女权益保护问题作了专门规定

一是明确妇女享有与男子平等的权利，不得以妇女未婚、结婚、离婚、丧偶、户无男性等为由，侵害妇女在农村集体经济组织中的各项权益。二是与妇女权益保障法相衔接，规定了检察公益诉讼制度，明确确认农村集体经济组织成员身份时侵害妇女合法权益，导致社会公共利益受损的，检察机关可以发出检察建议或者依法提起公益诉讼。此外，农村集体经济组织法的其他一些规则也有利于保护妇女的成员身份权益。例如，农村集体经济组织法规定，农村集体经济组织成员不因离婚、丧偶等原因而丧失成员身份。又如，根据《农村集体经济组织法》规定，农村集体经济组织成员结婚，只要是未取得其他农村集体经济组织成员身份的，原农村集体经济组织都不得取消其成员身份。

（三）对公务员丧失农村集体经济组织成员身份问题作了规定

国家立法宜保持适当的包容性，不对事业单位工作人员、国有企业员工丧失成员身份问题在法律上作统一规定，根据《农村集体经济组织法》第十七条第一款第五项的授权，可以由地方立法或者农村集体经济组织章程根据实际情况确定。

此外，根据《中华人民共和国公务员法》的规定，聘任制公务员的聘任合同期限为1~5年，与一般公务员存在较大差别，不宜从法律上规定聘任制公务员一概丧失农村集体经济组织成员身份，因此《农村集体经济组织法》对此类公务员作了与一般公务员不同的制度安排，与事业单位工作人员、国有企业员工等人员一样，是否丧失成员身份，法律不作统一规定，根据《农村集体经济组织法》第十七条第一款第五项的授权，可以由地方立法或者农村集体经济组织章程根据实际情况确定。

第二节 农村农民合作社管理法规

农民专业合作社作为农村经济发展制度之一，是近年来国家高度重视的一项助农惠农兴农措施。农民专业合作社在巩固拓展脱贫攻坚成果、确保粮食安全、实现农业农村现代化方面仍然大有可为。特别是农民专业合作社作为联合弱势群体，帮助贫困群众脱贫致富的一个长效机制，在促进农村经济发展、提升农民收入水平上将持续发挥作用。

一、农民专业合作社的法律定位及特征

《中华人民共和国农民专业合作社法》（以下简称《农民专

业合作社法》）第二条规定，"本法所称农民专业合作社，是指在农村家庭承包经营基础上，农产品的生产经营者或者农业生产经营服务的提供者、利用者，自愿联合、民主管理的互助性经济组织。"同时，《江西省农民专业合作社条例》第二条第二款规定，"本条例所称农民专业合作社，是在农村家庭承包经营基础上，同类农产品的生产经营者或者同类农业生产经营服务的提供者、利用者，自愿联合、民主管理的互助性经济组织。"因此，可以看出农民专业合作社具有"人合性""组织性"和"专业性"，与过去的合作化生产方式以及现代的公司化生产方式有着很大的不同，既不能将其视为家庭式"小作坊"鲜少加以管理，任由其发展；又不能将其视为公司，用公司法的理论、资本多数决的理念去加以约束。

事实上，农民专业合作社是在家庭联产承包制的基础上，为适应市场经济需求，推动现代农业发展而兴起的一种新型的专业化农业生产经营经济组织。其具有以下基本特征。

1. 具有独立的法人资格，合法权益受法律保护

根据《农民专业合作社法》第五条规定，"农民专业合作社依照本法登记，取得法人资格。农民专业合作社对由成员出资、公积金、国家财政直接补助、他人捐赠以及合法取得的其他资产所形成的财产，享有占有、使用和处分的权利，并以上述财产对债务承担责任。"以及第七条规定，"国家保障农民专业合作社享有与其他市场主体平等的法律地位。国家保护农民专业合作社及其成员的合法权益，任何单位和个人不得侵犯。"由此可知，农民专业合作社是以自己的名义对外从事生产经营活动，具有独立的民事主体资格，与其他市场主体一样，其合法权益受到法律的同等保护。

2. 经营业务范围限定为农业，不允许挂羊头卖狗肉

根据《农民专业合作社法》第三条规定，"农民专业合作社

以其成员为主要服务对象，开展以下一种或者多种业务：（一）农业生产资料的购买、使用；（二）农产品的生产、销售、加工、运输、贮藏及其他相关服务；（三）农村民间工艺及制品、休闲农业和乡村旅游资源的开发经营等；（四）与农业生产经营有关的技术、信息、设施建设运营等服务。"以及《江西省农民专业合作社条例》第八条规定，"同类农产品的生产经营者或者同类农业生产经营服务的提供者、利用者，自愿联合从事下列活动，可以申请设立农民专业合作社：（一）种植业、林果业、畜禽养殖业和水产养殖业；（二）农产品销售、加工、储藏和运输；（三）农业技术服务；（四）农村公共供水服务；（五）农业机械作业服务；（六）生态旅游和乡村民俗旅游；（七）农村家庭手工业；（八）其他农业生产和经营服务活动。"同时，在乡村振兴、推动"三农"发展的大背景下，国家给予农民专业合作社发展较多的扶持与便利，但也要求农民专业合作社的经营范围只能限于与农业相关的生产、经营和服务等。

3. 合作社对外以自己财产承担责任，成员对合作社承担有限责任

根据《农民专业合作社法》第六条规定，"农民专业合作社成员以其账户内记载的出资额和公积金份额为限对农民专业合作社承担责任。"由此可见，农民专业合作社的财产与其成员的财产相互独立，两者之间设立了一道防火墙。结合前述，农民专业合作社对外以合作社自己的财产对外承担法律责任；而其成员以其账户内记载的出资额和公积金份额为限对农民专业合作社承担有限的法律责任，这也在很大程度上避免了成员进入合作社的后顾之忧。

4. 成员以农民为主体，同时可引入其他公民、企业及组织

根据《农民专业合作社法》第四条规定，"农民专业合作社应当遵循下列原则：（一）成员以农民为主体；"第十九条第一

款规定，"具有民事行为能力的公民，以及从事与农民专业合作社业务直接有关的生产经营活动的企业、事业单位或者社会组织，能够利用农民专业合作社提供的服务，承认并遵守农民专业合作社章程，履行章程规定的入社手续的，可以成为农民专业合作社的成员。但是，具有管理公共事务职能的单位不得加入农民专业合作社。"以及第二十条规定，"农民专业合作社的成员中，农民至少应当占成员总数的百分之八十。成员总数二十人以下的，可以有一个企业、事业单位或者社会组织成员；成员总数超过二十人的，企业、事业单位和社会组织成员不得超过成员总数的百分之五。"由此可知，农民专业合作社的成员不仅可以是农民，还可以是其他具有民事行为能力的公民，以及从事与农民专业合作社业务直接有关的生产经营活动的企业、事业单位或者社会组织，这样一来既可以激发农民的积极性，又可以注入新的血液，引入先进的技术、优质的资源等，提升农民专业合作社的发展水平。

5. 成员不仅不受地域限制，同一农民还可加入多个经营业务范围不同的合作社

根据《江西省农民专业合作社条例》第十条第三款、第四款规定，"已转为非农业户口但仍保留承包地的居民，实行家庭承包经营的国有农场、林场、渔场和农垦单位的职工，可以以农民身份申请加入农民专业合作社。农民专业合作社成员资格条件不受地域限制，农民可以异地加入农民专业合作社，也可以加入多个经营业务范围不同的农民专业合作社。"由此可知，在江西省范围内，针对加入农民专业合作社的"农民"进行了扩大化解释，不仅包括本区域内的现有农民，还包括已转为非农业户口但仍保留承包地的居民，实行家庭承包经营的国有农场、林场、渔场和农垦单位的职工。同时，对于社员的地域范围予以放宽，并不受地域的限制，一定程度上减少了固守自封的地方保护主义现象。另外，考虑同一农民从事生产劳作的业

务种类丰富、多样的情形，允许其加入多个经营业务范围不同的农民专业合作社，更大程度地激发了农民干事创业的积极性。

6. 成员入社自愿退社自由，实行一人一票制

根据《农民专业合作社法》第四条规定，"农民专业合作社应当遵循下列原则：……（三）入社自愿、退社自由；（四）成员地位平等，实行民主管理"，以及第二十二条规定，"农民专业合作社成员大会选举和表决，实行一人一票制，成员各享有一票的基本表决权。"由此可知，农民专业合作社的"自愿性""自由性"以及"民主性"，农民专业合作社社员之间地位平等，在选举权和表决权方面，与公司组织形式的资本表决制不同，不以出资多寡作为依据，而是实行一人一票制。

二、农民专业合作社的优势

1. 提高生产效率，降低生产成本

农民专业合作社能够把分散的农户组织起来，联合生产经营，形成规模效益，并且能够集中力量、整合资源，通过统一购置中大型的生产设备、引进先进技术、统一购买农药、化肥、种子等农业生产资料等方式，提高农业机械化水平，提升生产效率，同时提高设备利用率，降低生产成本，进而提升生产利润空间，增加农民收入。

2. 提升产品品质，打造专业品牌

随着社会生活的发展，人民群众对高品质农产品的需求显得越来越重要，农民专业合作社相较于分散的农户更有能力和实力运用先进的农业科技等方式提升产品品质，打造独具特色的专业品牌，同时更有渠道和资源通过市场运营等方式，尤其是近年来较为火热的直播带货等线上运营的方式，提高产品知名度，进而打开市场，增加销量。

3. 适应市场需求，提高抵御风险能力

在市场经济的大背景下，农业发展不能仅依靠传统的自给自足、闭门造车的生产经营方式，而应积极面向市场，适应市场的需求。农民专业合作社恰好能够集中力量与资源适应市场需求，同时根据市场的需求不断优化。更重要的是，相较于分散的农户，农民专业合作社在交易过程中更具有话语权和议价能力，更具备市场竞争能力和抵御风险的能力。

4. 国家大力扶持，保障农民权益

近年来，我国相继出台了一系列对农业专业合作社的扶持政策和优惠政策，通过财政支持、税收优惠和金融、科技、人才的扶持以及产业政策引导等措施，推动农民专业合作社发展。更将其写入法律法规，如《农民专业合作社法》第八章"扶持措施"、《江西省农民专业合作社条例》第三章"扶持与服务"等，可见国家对农业专业合作社的扶持力度，这是分散农户不可比拟的。同时，《农民专业合作社法》《江西省农民专业合作社条例》等均明确农民专业合作社系服务农民的组织，既追求集体化生产，又注重统分结合的经营，更重要的是保护农民个体利益。

三、农民专业合作社设立及运行过程中常见的法律问题

1. 设立程序不合法

农民专业合作社属于全新的经济组织业态，近年来在实操的过程中往往存在设立程序不合法、规章制度不健全等现象，而我国明确对于农民专业合作社的设立、管理与规范等进行了专门立法，其他省也结合本省实际制定了专门条例，应严格遵照执行。

2. 经营管理不谨慎

农民专业合作社由于是自愿联合、民主管理的互助性经济

组织，往往存在没有专人实际管理的现象，尤其是对于公章的管理，经常会出现盗盖、偷盖公章，或者在空白的合同和授权委托书上加盖公章的现象，因此建立完善的公章保管、使用制度，以及农民专业合作社经营管理相关的制度是十分必要的。

3. 劳动关系不明确

基于农民专业合作社是成员之间自愿联合、民主管理的互助型关系，因此一般不认定农民专业合作社与成员之间存在劳动关系，但如果其不仅仅是社员，还扮演着合作社工作人员的角色，这就有可能超越合作社的成员关系，此种情况下，根据法律规定合作社就要与该成员签订劳动合同，并为其缴纳社保，否则将存在面临一系列劳动争议的风险。

4. 维权意识不强烈

《农民专业合作社法》明确了农民专业合作社具有独立的法人资格和独立的民事主体地位，因此在合作社权益受到侵害时，尤其是买到假冒伪劣的种子、化肥等关乎全体成员合法利益时，一定要善于运用法律的武器维护自身合法权益，以合作社买到假冒伪劣的种子、化肥等生产资料为例，可以以合作社的名义直接向出售种子的销售者要求赔偿。此时，合作社可以请求消费者协会介入或向相关部门投诉，也可以直接向法院起诉。但需要注意的是，要保存好购买凭证和发票，以及证明购买的种子、化肥等系假冒伪劣商品的相关证据，以便合作社日后维权使用。

综上所述，农业专业合作社作为互助型的经济组织，具有集中力量办大事和政策支持等优势，但在实际运行过程中也存在着一些显著问题，因此在经营发展过程中应注意严格遵守相关法律法规的规定，扬长避短才能长远发展。

第十三章　乡村振兴法律法规

第一节　建立涉农人才法律制度

随着最近几年习近平总书记提出，大力发展中国农村经济的重要目标和方向，乡村振兴成为我国"三农"工作的总抓手以及实现我国农业现代化发展的总战略。

国务院办公厅发布《关于加快转变农业发展方式的意见》中强调，"强化农业科技创新，提升科技装备水平和劳动者素质"。乡村振兴战略，首先就要将"人"摆在首位。在乡村振兴战略背景下，职业院校在其中占据着重要地位，其肩负着培养高素质涉农人才、新型农民的责任和使命。近两年国家发布的职教政策《中华人民共和国职业教育法》《国家职业教育改革实施方案》，为涉农高职院校建设一批适合新时代发展需要的涉农新专业，不断提升涉农专业的教学质量，制定涉农专业新的人才标准，提升涉农人才培养的途径，进而成为中国乡村振兴的落实及开展提供充足人才的政策动力。

一、乡村人才振兴和高职院校涉农专业人才培养的关系

乡村人才作为推进乡村振兴战略的核心竞争力，落实乡村振兴战略，需要选拔和培养大量与适合市场需求的涉农人才。涉农人才作为乡村振兴战略视角下培养的主要力量，高职院校应当结合国家战略和当前农村人才市场的实际需求，对涉农人才培养的策略进行不断地优化与创新，满足乡村振兴战略实施的要求。

（一）乡村振兴为人才培养途径提供机遇

乡村振兴战略不仅扩大了高职院校人才培养方向及就业的范围，还为涉农人才的培养提供了发展的机遇。在乡村振兴战略从政策转向实施的背景下，高职院校也被赋予为"三农"建设提供全方位服务的历史责任。为了使高职院校涉农专业学生的能力与乡村振兴战略的实施相匹配，高职院校应当转变传统"重理论、轻实践"的教学思维和方法，结合农业生产、经营和管理工作的实际内容和需求，通过实践的方式，对高质量的农业现代化人才进行培养，为乡村振兴提供帮助和支持。乡村振兴战略在为高职院校涉农专业设置和人才培养指明方向的同时，也对高职院校对涉农专业人才的培养途径改革提出了新挑战。

（二）高职院校人才培养赋能乡村振兴建设

我国大多数的高职院校都分布在农业主产区，与乡村振兴之间存在着密切的关联性。在高职院校办学定位方面，应当结合当地特色，以服务当地农业、高新企业和农民专业合作社等就业为导向，制定农业人才培养方案。高职院校充分利用自身具备区域优势特点，助力乡村振兴战略的实施，赋能乡村振兴建设。

二、乡村振兴背景下农业发展对高职院校涉农人才培养

现代农业已经发生了生产方式、经营主体、产业功能、发展模式的新变化。具体呈现在农业生产方式的设施化、机械化、智能化；农业经营主体的专业化、职业农民化；农业产业功能的生产生活生态多功能化；农业发展模式的一二三产业融合发展一体化。

（一）借助科学技术推动农业现代化

我国农业发展的主要趋势就是从传统农业向现代化农业的转变，这种转变并不是乡村振兴阶段的特殊要求，乡村振兴尤为更加迫切需要。传统农业模式与自然经济之间存在着密切的

联系，主要是利用手工劳动的方法开展农业生产活动，而传统农业向现代化农业转型的主要标志就是对科学技术的应用。所以，在乡村人才振兴视角下，对高职院校涉农培养的主要要求就是对科学技术的熟练应用，应用科学技术从事农业生产活动，进而推动农业的现代化发展。

（二）借助产业融合延长农业产业链

在传统农业当中，通常将自然物作为主要的生产对象，导致农业产业链短，并且附加值相对较低，不利于农业发展。而在乡村振兴的背景下，农业产业发展越加呈现出融合的趋势和特点，这就需要高职院校在培养涉农专业人才时，应当强调复合性的要求，不仅需要涉农专业人才具备丰富的文化知识与优越的技术水平，还需要其懂得农业产业经营和管理，使农业产业链得以延长。

（三）借助"互联网+"创造农业新业态

在信息时代下，云计算技术、物联网技术、大数据技术作为新兴技术类型，其对于社会的发展具有至关重要的作用。在乡村振兴背景下，信息技术为传统农业的发展带来活力，实现传统农业的转型与升级，产生了农业与信息技术、装备技术、生物技术、营销技术等深度交叉融合，催生了生物农业、智慧农业、休闲农业等农业新业态新模式。因此，高职院校在对涉农专业人才进行培养时，也应当将创新、创造作为人才培养方案要求，使其具备应用"互联网+"创造农业新业态的意识与能力。

第二节　乡村振兴促进法

一、制定《乡村振兴促进法》的主要过程和基本考虑

（一）《乡村振兴促进法》立法的主要过程

全国人民代表大会常务委员会贯彻落实党中央决策部署，

高度重视乡村振兴立法工作。全国人大农业与农村委员会及时组织农业农村部等20多个部门经过一年多调研，形成了《中华人民共和国乡村振兴促进法（草案）》。2020年6月，十三届全国人民代表大会常务委员会第十九次会议对草案进行初次审议。

2020年12月十三届全国人民代表大会常务委员会第二十四次会议对草案进行了第二次审议。

2021年4月26日，十三届全国人民代表大会常务委员会第二十八次会议对草案三次审议稿进行了分组审议。

2021年4月29日，十三届全国人民代表大会常务委员会第二十八次会议表决通过了《中华人民共和国乡村振兴促进法》（以下简称《乡村振兴促进法》），并在同日公布，于6月1日起开始实施。

（二）《乡村振兴促进法》立法过程的基本考虑

本法定位为一部促进法。在立法审议过程中许多意见认为现阶段乡村发展和工农城乡关系还处在调整过程中，直接制定乡村振兴法时机不够成熟，所以加上促进这两个字。

在本法与其他涉农法律的关系方面。《乡村振兴促进法》的某些理念和规范与既往农法相通并有所提升发展，本法是涉农法律体系中的统领性法律，但不取代《农业法》等其他涉农法律。

本法有关扶持措施，按照能具体尽量具体，难以具体的作出原则要求的方式作出了相应规定。考虑乡村振兴是一个长期过程，不同阶段情况可能发生变化，需要对具体政策措施加以调整。此外，在财政、税收、金融等方面，依据法律规定和中央有关要求，不宜也难以对扶持措施作出非常具体的规定。

二、《乡村振兴促进法》亮点内容解读

（一）乡村的定义

主要涉及本法第二条第二款规定。2018年中共中央、国务

院发布的《乡村振兴战略规划（2018—2022年）》首次提出对于乡村的定义，但仅仅是对主体性质和功能的描述，没有包括地域范围的描述。为此，《乡村振兴促进法》结合《中华人民共和国城乡规划法》的有关规定，引入了"建成区"的概念，也就是城市集中规划部分，不包括乡镇，那么这里对于"乡村"的概念进一步作出规范。乡村，是指城市建成区以外具有自然、社会、经济特征和生产、生活、生态、文化等多重功能的地域综合体，包括乡镇和村庄等。

（二）国家主导完成的四条底线任务

主要涉及本法第五条至第八条规定。第五条巩固完善农村基本经营制度，第六条城乡融合发展，第七条乡村文化建设，第八条国家粮食安全战略。

1. 巩固完善农村基本经营制度

"大国小农"是中国的基本国情农情，家庭经营是农业的本源性制度。党的十八大以来，为巩固和完善农村基本经营制度，中央密集推行一系列事关农村集体产权制度和农村土地制度改革举措，取得显著成效。

一是初步构筑现代农业经营体系。新型农业经营体系提高了农业经营的集约化、专业化、组织化与社会化水平，为农村基本经营制度注入更加持久的活力。各地积极培育新型农业经营主体，初步构筑起以农户家庭经营为基础、合作与联合为纽带、社会化服务为支撑的立体式复合型现代农业经营体系，促进小农户和现代农业有机衔接。截至2021年底，全国家庭农场超过390万个，平均经营规模134.3亩；全国依法登记的农民合作社223万家，带动全国近一半农户；全国市级以上农业产业化龙头企业共吸纳近1 400万农民稳定就业，农业产业化组织辐射带动1.27亿农户，户均年增收超过3 500元；全国农业社会化服务组织达95.5万个，服务面积16.7亿亩（1亩≈667

米^2）次，服务小农户7 800多万户。

二是初步形成规模化经营格局。农村土地"三权分置"改革实现了农民集体、承包农户、经营主体对土地权利的共享，有利于促进土地资源在更大范围内优化配置，为农业适度规模经营创造条件，推动农业生产现代化。实现规模经营有两条道路：一条是经由土地流转经营。农户依法采取出租、转包、互换、入股等多种流转方式，实现农业生产规模化，解决农村劳动力外流后"谁来种地"问题。农业农村部数据显示，截至2021年6月底，全国已有1 239个县（市、区）、18 731个乡镇建立农村土地经营权流转市场或服务中心，全国家庭承包耕地流转面积超过5.55亿亩，超过确权承包地的三成。另一条是经由土地托管经营。农户将全部或部分田间作业环节托管给专业社会化服务组织，实现服务规模化经营，解决"怎样种地"的问题。据农业农村部调查分析，服务规模化经营的节本增收成效更为显著，与农民自己经营和土地流转经营相比，稻谷、小麦、玉米三大主粮亩均纯收益可提高20%以上。

三是探索形成多种新型农村集体经济发展模式。农村集体产权制度改革重构了以股份经济合作社为标志的各类新型集体经济组织，以股份合作为纽带在集体和成员之间建立有效联结，通过资源整合、要素集聚、规模提升，实现共同发展。在清产核资、股权量化基础上，探索盘活各类集体资源资产，以自主开发、流转租赁、入股联营、合资合作等方式发展特色农业或农产品洗选、仓储、加工等产业；由村集体领办创办社会化服务组织，为经营主体提供统耕统收、统防统治、统销统结等生产性服务；整合利用集体积累资金、政府帮扶资金等，通过入股或者参股农业产业化龙头企业、抱团合作、村企联手共建等多种形式发展集体经济。

2. 城乡融合发展

乡村振兴要跳出乡村看乡村，必须走城乡融合发展道路。实现城乡融合发展是建设社会主义现代化国家的重要内容，也是实施乡村振兴战略的一项重大任务。党的十九大对建立健全城乡融合发展体制机制和政策体系作出重大决策部署。法律设立专章，从以下5个方面规定了城乡融合发展的重点任务。

一是以县域为着力点。城乡融合发展，县域是重要切入点和主要载体，也最有条件推进城乡基础设施和公共服务一体化建设发展。法律围绕破除城乡融合发展的体制机制障碍，推动公共资源在县域内实现优化配置，赋予县级更多资源整合使用的自主权，强化县城综合服务能力，对加快县域城乡融合发展作出规定，为各级政府整体筹划、一体设计、一并推进城镇和乡村发展，优化城乡产业发展、基础设施、公共服务设施等布局划出了重点。

二是科学有序统筹发展空间。法律规定要协同推进乡村振兴战略和新型城镇化战略的实施，整体筹划城镇和乡村发展，强调要科学有序统筹安排生态、农业、城镇等功能空间，按照中共中央办公厅、国务院办公厅《关于在国土空间规划中统筹划定落实三条控制线的指导意见》，严格生态保护红线、永久基本农田和城镇开发边界划定，推动城乡平等交换、双向流动，增强农业农村发展活力，促进农业高质高效、乡村宜居宜业、农民富裕富足。

三是鼓励社会资本下乡与农民利益联结。乡村振兴离不开社会资本的投入。《乡村振兴促进法》明确国家鼓励社会资本到乡村发展与农民利益联结型项目，鼓励城市居民到乡村旅游、休闲度假、养生养老等，同时对社会资本的投资和经营行为也作出了限制，规定不得破坏乡村生态环境，不得损害农村集体经济组织及其成员的合法权益，在明确鼓励方向、更好满足乡村振兴多样化投融资需求的同时，划出了社会资本投资的制度红线。农业农村部办公厅、国家乡村振兴局综合司及时修订发布了《社会资本投资农业农村指引（2021年）》，明确了现代种养业、乡村富民产业等13个鼓励投资的重点领域，引导社会资本投入乡村产业。

四是促进乡村经济多元化和农业全产业链发展。农村产业融合发展是基于技术创新或制度创新形成的产业边界模糊化和产业发展一体化现象，通过形成新技术、新业态、新商业模式，带动资源、要素、技术、市场需求在农村的整合集成和优化重组。法律规定，应当采取措施促进城乡产业协同发展，在保障农民主体地位的基础上健全联农带农激励机制，加快形成乡村振兴多元参与格局，实现乡村经济多元化和农业全产业链发展。

五是农民工就业与权益保障。农民工就业创业事关就业大局稳定、农民增收和脱贫攻坚成果巩固拓展。法律对农民工就业和权益保障作出了全方位制度安排，明确国家推动形成平等竞争、规范有序、城乡统一的人力资源市场，健全城乡均等的公共就业创业服务制度，强调各级人民政府及其有关部门应当全面落实城乡劳动者平等就业、同工同酬，依法保障农民工工资支付和社会保障权益。同时，规定县级以上地方人民政府应当采取措施促进在城镇稳定就业和生活的农民自愿有序进城落户，推进城镇基本公共服务全覆盖。通过与《保障农民工工资支付条例》等相衔接，顺应农民进城务工的大趋势，加强权益维护和服务保障，解除农民工进城就业"后顾之忧"，用法治提升农民工群体获得感、幸福感、安全感。

3. 乡村文化建设

习近平总书记在2016年7月庆祝中国共产党成立95周年大会上的讲话中指出，"文化自信，是更基础、更广泛、更深厚的自信"。中华文明根植于农耕文化，乡村是中华文明的基本载体。从以下3个方面进行了具体规定。

一是加强农村社会主义精神文明建设，打造文明乡村。实施乡村振兴战略要物质文明和精神文明一起抓。乡风文明不仅是乡村振兴的重要内容，更是服务乡村全面振兴的有力保障。法律规定开展新时代文明实践活动，加强农村精神文明建设，不断提高乡村社会文明程度，倡导科学健康的生产生活方式，普及科学知识，推进移风易俗，培育文明乡风、良好家风、淳朴民风，建设文明乡村。

二是丰富乡村文化生活。这是满足广大农民群众多方面、多层次精神文化产品需求，也加快推进城乡公共文化服务均等化，不断满足广大农民群众文化的现实要求。法律规定丰富农民文化体育生活，倡导科学健康的生产生活方式，健全完善乡村公共文化体育设施网络和服务运行机制，鼓励开展形式多样的农民群众性文化体育、节日民俗等活动，支持农业农村农民题材文艺创作，拓展乡村文化服务渠道，为农民提供便利的公共文化服务。

三是传承农耕文化。农耕文化承载着中华民族的历史记忆、生产生活智慧、文化艺术结晶和民族地域特色，维系着中华文明的根，寄托着中华各族儿女的乡愁，是极其宝贵的文化资源。法律规定保护农业文化遗产和非物质文化遗产，挖掘优秀农业文化深厚内涵，弘扬红色文化，保护和传承好农耕文化，能让美好乡愁世世代代传承下去。

（三）国家粮食安全战略

一是把粮食安全战略纳入法治保障。围绕牢牢把住粮食安全主动权，地方各级党委和政府要扛起粮食安全的政治责任，《乡村振兴促进法》中明确，国家实施以我为主、立足国内、确保产能、适度进口、科技支撑的粮食安全战略。坚持藏粮于地、藏粮于技，采取措施不断提高粮食综合生产能力，建设国家粮食安全产业带，确保谷物基本自给、口粮绝对安全。

二是为解决"两个要害"提供法律支撑。保障粮食安全，要害是种子和耕地。立足重要农产品种源自主可控的目标，法律中明确，国家加强农业种质资源保护利用和种质资源库建设，支持育种基础性、前沿性和应用技术研究，实施农作物和畜禽等良种培育、育种关键技术攻关，推进生物种业科技创新，鼓励种业科技成果转化和优良品种推广等。针对耕地这一粮食生产的"命根子"，在《中华人民共和国土地管理法》《中华人民共和国基本农田保护条例》有关规定的基础上，法律针对近年来耕地非农化、非粮化的问题，进一步对农业内部用地也作了严格规定，明确严格控制耕地转为林地、园地等其他类型农用地；同时，规定国家实行永久基本农田保护制度，建设并保护高标准农田，要求各省（区、市）应当采取措施确保耕地总量不减少、质量有提高，对保障耕地质量提出了新的更高要求。系列制度设计为稳数量、提质量提供了法治保障，实现坚决打赢种业翻身仗，牢牢守住 18 亿亩耕地红线的目标。

三是强化"三保"，实现粮食和重要农产品有效供给。"三保"就是保数量、保多样、保质量。保数量就是要用稳产保供的确定性来应对外部环境的不确定性。保多样、保质量是满足消费者新阶段对丰富多样农产品需求的应有之义。法律规定，国家实行重要农产品保障战略，采取措施优化农业生产力布局，推进农业结构调整，发展优势特色产业，保障粮食和重要农产品有效供给和质量安全，并专门明确，分品种明确保障目标，构建科学合理、安全高效的重要农产品供给保障体系。

四是大力发展"三品一标"，推进农业高质量发展。2020年底的中央农村工作会议要求，深入推进农业供给侧结构性改革，推动品种培优、品质提升、品牌打造和标准化生产，也就是新"三品一标"。法律对推进"三品一标"、提升农产品的质量效益和竞争力作出明确规定，同时还对农业投入品使用作出限制要求，这既是保障增加优质绿色和特色农产品有效供给的现实需要，也是顺应和满足人民对美好生活新期待的具体行动。

五是对节粮减损作出安排。粮食节约是保障国家粮食安全的重要途径。法律规定国家完善粮食加工、储存、运输标准，提高粮食加工出品率和利用率，推动节粮减损，通过一手抓立法修规，一手抓标准体系共同推进产业节粮减损，用科技、法治、引导等手段推动粮食全产业链各个环节减损，与反食品浪费法进行衔接，遏制"舌尖上的浪费"，共同推动全社会形成节约粮食、反对浪费的法治氛围。

三、《乡村振兴促进法》中的限制、禁止和处罚条款

这些禁止性的条款集中在 4 个方面。

(一) 关于保护耕地

第十四条和第三十八条。这两句话其实总结起来就是遏制耕地非农化，防止非粮化。在 2019 年修订的《中华人民共和国土地管理法》，用的是总量不减少，质量不降低，这次是明确提出质量问题，要保证质量有提高。

(二) 严格保护生态环境

第三十九条和第四十条。我国的耕地总面积从到 18 世纪末的 10.5 亿亩不断增加，我国农业用水的年均缺口达 300 亿米^3，70% 以上的江河湖泊受到不同程度的污染，土壤三化问题，即南方的土壤酸化、北方的土壤盐碱化、东北的黑土地退化，是架在农业发展头上的"三把刀子"。

(三) 明确严格保护农民的权益

第五十一条提出，有些地方在之前推进合村并居过程中损害了农民的合法权益。2020 年 12 月自然资源部发布了《关于进一步做好村庄规划工作的意见》，村庄撤并应当充分尊重农民的意愿，不得强迫农民"上楼"。还有第五十五条明确提出，不得以退出土地承包经营权，宅基地使用权、集体收益分配权等作为农民进城落户的条件。

(四) 法律责任规定

主要涉及第七十三条，在草案一次审议稿中法律责任专设了一章进行了具体规定，但是在审议过程中有意见提出本法定位为促进法、并且不取代农业法等其他涉农法律，况且法律责任所规定的处罚其他法律已作相应规定，不宜重复，为此，将法律责任并入监督检查一章中最后一节。

第十四章　其他涉农法规

第一节　农业转基因生物监管工作方案

一、工作目标

按照党中央"尊重科学、严格监管，有序推进生物育种产业化应用"的部署要求，着力提升转基因生物监管能力，优化监督管理措施，加强监督检查，严肃案件查处，严厉打击非法制种、非法种植等违法违规行为，确保各项法律法规有效贯彻执行，为生物育种产业化发展营造健康有序的环境，各省级农业农村部门要统一思想，提高认识。充分认识严格监管对有序推进生物育种产业化应用的保障作用，将思想认识统一到党中央决策部署上来，切实做到：监管能力上水平，积极推动将农业转基因生物监管工作纳入政府重要议事日程，为事业发展相关支出争取政府专项预算；强化指导增实效，制定印发农业转基因生物监管方案，指导市、县级农业农村部门开展监管工作，指导从业主体办理农业转基因生物加工许可证，加大科普宣传和普法工作力度；严格检查抓落实，对申请农业转基因生物试验的基地检查覆盖率达到100%，对辖区内农业转基因生物研究试验和加工企业现场检查覆盖率达到100%，涉及东北粮食生产区、西北西南种子生产基地的相关省份，玉米田间抽样检测工作地级市覆盖率达到100%。

二、重点任务

（一）加强研究试验监管

报批前核查与报批后检查相结合，严查中间试验是否依法报告，环境释放和生产性试验是否依法批准，基因编辑等新育种技术研究、中外合作研究试验是否依法开展，各项监督措施是否符合法规要求。同时，对涉农科研育种单位试验基地开展抽样检测，严防非法试验。

（二）严格基地监管

开展分类监管，对问题较多的基地，加大抽检密度和频次，对管理规范的南繁基地，可减少检查频次。严查私自开展试验和育繁种行为，坚决铲除违规试验和育繁种材料。提高省际协查联动监管水平，海南省应及时将南繁基地所属育种单位违规情况通报其属地省份并抄报农业农村部，属地省份应对育种单位从严监管，对违规行为责令整改。

（三）严格品种审定管理

完善转基因大豆、玉米、棉花等品种管理，畅通产业化应用通道。严防转基因品种冒充非转基因品种进行审定，对未获得转基因生物生产应用安全证书的一律不得进行区域试验和品种审定。申请单位应确保品种不含未经批准的转基因成分，品种试验组织单位应进行转基因检测，发现含有未经批准转基因成分的，立即终止试验并严肃处理。

（四）强化种子生产经营监管

加强对种子生产基地及疑似种子生产田的排查力度，在种子下地前和苗期及时开展检测，查早查小，防止非法转基因种子下地。加大种子加工和经营环节的转基因成分抽检力度，依法严惩非法加工经营行为，防止非法转基因种子流入市场。

（五）严格进口加工监管

强化对境外贸易商、境内贸易商和加工企业"三位一体"审查，加强进口农业转基因生物流向监管。严查装卸、储存、运输、加工过程中安全控制措施落实情况，全面核查产品采购、加工、销售、管理等档案记录，严禁改变进口农业转基因生物用途，确保全部用于原料加工。

（六）做好种植区域跟踪监测

安排技术人员跟踪监测转基因作物种植区域的病虫害消长、种群结构及其生物多样性变化情况，及时掌握有害生物抗性动态，研究提出应对措施，严防目标害虫转移对其他作物造成危害，防范次要害虫上升为害。

三、工作要求

（一）压实主体责任

各省级农业农村部门要依据有关法律法规，通过召开行政指导会、监督检查、政策培训、约谈等方式，督促从事农业转基因生物研发和种子生产加工经营的单位落实主体责任，严格执行监管法定责任和法定措施。要求研发单位及其农业转基因生物安全小组强化自我约束和管理，承担起审查、监督、检查、报告等职责，督促指导本单位研发人员依法依规开展科研活动。要求种子生产加工经营者完善管理责任制度，强化内部人员培训，建立健全种子生产经营档案，确保源头和流向可追溯。

（二）落实属地管理

要敢于执法、严格执法，牢固树立不执法就是失职的观念。要强化部署、协同监管，认真履行农业转基因生物属地监管责任。各级农业农村部门主要负责人应组织专题研究农业转基因生物监管工作，抓推进、重实效，充分确保人员、装备和工作经费等基础保障。

（三）强化检查指导

加大关键时节、重要环节和重点地区检查指导力度，严格落实约谈问责，依法依规严肃追究不作为、乱作为的相关人员责任。坚持监管信息报送机制，案件查处信息实行月报制度，重大案件随时报告，没有案件的零报告。

（四）加大查处力度

全面摸排收集违规线索，及时立案调查，要查清主体，查明责任，依法从严处理，对已办结案件依法做好信息公开，曝光查处结果，形成震慑。要紧抓重点案件不放，深挖线索来源，严查案件源头。鼓励社会各界对违法违规行为进行举报，对群众直接举报和农业农村部转办的监管线索要认真核查，及时反馈办理结果。

第二节　农业机械安全监督管理条例

一、严格规范标准，严把牌证核发准入关

2019年，《农业机械安全监督管理条例》（以下简称《条例》）第二次修订。《条例》规定了各项法定职责，严格规范拖拉机、联合收割机及其驾驶操作人员的牌证核发，严把准入关，强化农业机械使用安全的源头管理，严格执行农业机械运行安全技术条件等国家标准，把好农机安全检验关。规范变型拖拉机的登记及驾驶证业务，从变拖登记、变拖的驾驶证的申领、业务流程图、业务表格以及归档等一系列工作做了明确的规范，是一部操作性强、规范性高、具有较高使用价值的手册，对全面规范变拖源头管理，切实提高农机安全监管水平起到了关键性的作用。

二、树立"以人为本"，实现管理型向服务型转变

农机监理的本职离不开农业、农村、农民。在工作中要牢固树立"以人为本"的理念，要在执法中体现服务，在服务中推进执法，要带着"心为民所系"的深厚感情去做农机手的思想工作。农机执法人员与农机手发生摩擦或冲突，主要是农机监理人员说话方式不正确，态度生硬，再加上有些农机手守法意识差、驾驶技术差、拖拉机违规章等。农机监理人员在执法工作中只注重执法而忽略了服务，这就容易损害农机手的感

情，工作成了"管与躲"的关系，农机监理执法人员想"管死你"，而农机手则是"躲猫猫"。因此，在创建和谐社会的新形势下，更应注重服务为主、执法为辅的原则，将"管理型"执法向"服务型"执法转变，使机手感受到农机监理的温暖，体现和谐发展的理念。

三、加大宣传力度，建立规范严谨的农机监理机制

一方面，各级农机监理机构要多形式的组织农机监理人员认真学习《条例》，把握精神实质，厘清工作思路。另一方面，要充分利用电视、广播、网络、手机服务网等媒体，通过张贴标语，悬挂横幅、一封信等多种方式向机手宣传《条例》，力争把《条例》宣传到每位机手。农机部门与当地移动公司密切配合，利用在全国率先开通组建的"平安农机通服务网"，通过短消息向网内机手宣传《条例》及农机安全生产知识。

第三节 植物新品种保护条例

《中华人民共和国植物新品种保护条例》是我国为了保护植物新品种权益而制定的一部法律法规。《中华人民共和国植物新品种保护条例（修订征求意见稿）》（以下简称《条例》）主要是为了适应植物新品种保护领域的发展变化，强化对植物新品种的保护，促进植物新品种创新和应用，维护广大农民和植物新品种权利人的合法权益。这一修订的内容对于推动我国植物新品种的保护和发展具有重要意义。

一、植物新品种的范围

《条例》对植物新品种做了明确的定义，包括了对某种植物的新变种、新种、新品种、新变型或者新雄性线，其在形态特征、生物学特性、生产性状、抗逆性或其他性状方面与已知的对比物有明显区别，并且符合国家及地方政府部门有关植物新品种的认定标准。这种新品种的保护范围覆盖了植物新品种的

原始材料、种子、植物本身，同时也包括了获得的植物新异型和发生物。

《条例》还扩大了植物新品种的范围，将保护范围由授权品种的繁殖材料延伸到收获材料，将保护环节由生产、繁殖、销售3个环节扩展到生产、繁殖、为繁殖进行的种子处理、许诺销售、销售、进口、出口、储存8个环节。这项法规的改革对推动我国农业的科技创新和实际生产有着重要的意义。将植物新品种的保护范围扩大至收获材料的范畴，意味着对植物新品种的保护更加全面。收获材料是指从作物中收获的种子、果实以及部分植物。这一改革措施，可以有效保护农民、种植者的合法权益，并鼓励他们进行优质新品种的种植和推广，进一步调动种植者对于新品种培育和发展的积极性。能够更充分地保护植物新品种的权益，同时也更全面地保护从研发到实际应用和销售全产业链上的利益相关者的权益，保障创新成果得到应有的回报。对《条例》的修订，对种植业的发展具有重要意义，这将有助于鼓励和促进更多的科学家、农民和农业企业从事种植新品种的培育和推广，从而推动农作物品质和产量的提高，并在一定程度上促进我国种植业产业的升级和转型。

二、植物新品种的保护期限

《条例》中延长了植物新品种的保护期限，木本、藤本植物由原来的20年延长至25年，其他植物则由原来的15年延长至20年。这意味着在这个时间段内，权利人可以享有针对该植物新品种的独占权。这些权利包括但不限于生产、繁殖、销售、出口、引进、使用等方面。这有利于保护权利人的创新成果，防止他人擅自利用这些成果进行未经授权的繁殖和销售，从而维护权利人的合法权益。该保护期限的制定是为了在一定时期内保护权利人对其开发和培育的植物新品种进行专有性的控制。这样的措施可以激励农业科研机构和个体农民进行植物新品种的培育研发，促进农业技术进步和作物品质的提高。同时，保护期限的设立为植物新品种的推广和运用留出了一定的时间空间，有利于植物新品种的引进和推广，吸引更多的植物新品种投入田间生产，提高农产品的质量及产量。

三、植物新品种权的审批程序

《条例》对于植物新品种权的申请及审批程序有明确的规定，旨在保障植物新品种的合法权益。该规定包括申请材料、审批条件、审批程序等内容，为植物新品种权的申请者提供了明确的指引。申请人需提供包括新品种的基本特征描述、繁殖材料样品、命名及分类等在内的详尽资料。具体包括种子形态、植株特性、生物学特性、耐逆性、遗传资源特征等。这些信息是确保对植物新品种的保护批准的关键。

主要参考文献

顾相伟，2023. 农村政策与法规新编教程［M］. 3 版. 上海：复旦大学出版社.

李阿红，许世霖，赵雪梅，2023. 我国农产品价格调控政策演变及问题分析［J］. 全国流通经济（7）：24-27.

任大鹏，2022. 农村政策法规［M］. 2 版. 北京：国家开放大学出版社.

周晖，张冠男，2021. 农村政策法规［M］. 2 版. 北京：清华大学出版社.

邹鹏飞，2019.《中华人民共和国农业法》解读［J］. 山西农经（21）：19-20.